全世界孩子最喜爱的大师趣味科学丛书⑩

趣味地球化学

ENTERTAINING GEOCHEMISTRY

〔俄罗斯〕亚历山大·叶夫根尼耶维奇·费尔斯曼◎著　张泽仙◎译

U0225753

中国妇女出版社

图书在版编目（CIP）数据

趣味地球化学 /（俄罗斯）费尔斯曼著；张泽仙译
. -- 北京：中国妇女出版社，2018.1（2025.1 重印）
（全世界孩子最喜爱的大师趣味科学丛书）
ISBN 978-7-5127-1550-9

Ⅰ.①趣…　Ⅱ.①费…②张…　Ⅲ.①地球化学—青
少年读物　Ⅳ.①P59-49

中国版本图书馆CIP数据核字（2017）第277830号

图片提供：123RF.com.cn

趣味地球化学

作　　者：〔俄罗斯〕亚历山大·叶夫根尼耶维奇·费尔斯曼　著　张泽仙　译
责任编辑：宋　罡
封面设计：尚世视觉
责任印制：王卫东
出版发行：中国妇女出版社
地　　址：北京市东城区史家胡同甲24号　　邮政编码：100010
电　　话：（010）65133160（发行部）　　65133161（邮购）
网　　址：www.womenbooks.cn
法律顾问：北京市道可特律师事务所
经　　销：各地新华书店
印　　刷：北京中科印刷有限公司
开　　本：170×235　1/16
印　　张：15.75
字　　数：200千字
版　　次：2018年1月第1版
印　　次：2025年1月第26次
书　　号：ISBN 978-7-5127-1550-9
定　　价：35.00元

编者的话

　　"全世界孩子最喜爱的大师趣味科学丛书"是一套适合青少年科学学习的优秀读物。丛书包括科普大师别莱利曼、费尔斯曼和博物学家法布尔的10部经典作品，分别是：《趣味物理学》《趣味物理学（续篇）》《趣味力学》《趣味几何学》《趣味代数学》《趣味天文学》《趣味物理实验》《趣味化学》《趣味魔法数学》《趣味地球化学》。大师们通过巧妙的分析，将高深的科学原理变得简单易懂，让艰涩的科学习题变得妙趣横生，让牛顿、伽利略等科学巨匠不再遥不可及。另外，本丛书对于经典科幻小说的趣味分析，相信一定会让小读者们大吃一惊！

　　由于写作年代的限制，本丛书的内容会存在一定的局限性。比如，当时的科学研究远没有现在严谨，书中存在质量、重量、重力混用的现象；有些地方使用了旧制单位；有些地方用质量单位表示力的大小，等等。而且，随着科学的发展，书中的很多数据，比如，某些最大功率、速度等已有很大的改变。编辑本丛书时，我们在保持原汁原味的基础上，进行了必要的处理。此外，我们还增加了一些人文、历史知识，希望小读者们在阅读时有更大的收获。

　　在编写的过程中，我们尽了最大的努力，但难免有疏漏，还请读者提出宝贵的意见和建议，以帮助我们完善和改进。

目 录

Chapter 3   自然界里原子的历史 → 159

Chapter 4　地球化学的过去与未来 → 223

结　尾 → 241

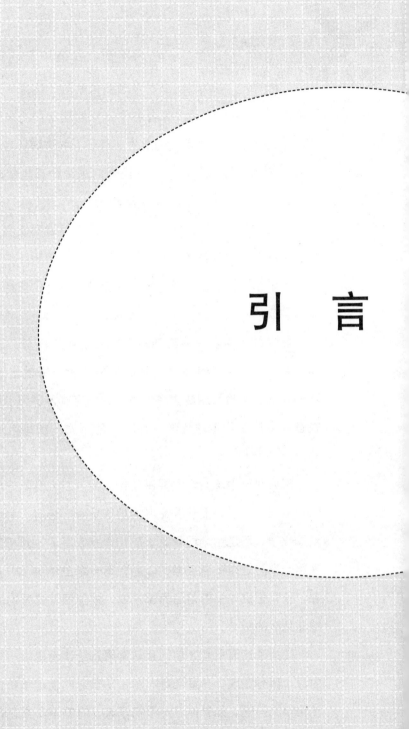

引 言

《趣味矿物学》于1928年出版。

几年前，我编写了《趣味矿物学》这本书，没想到大家对于这本书那么欢迎。我收到了来自各个行业的读者们的来信，从这些信里我看到了他们对于岩石是那么的热爱。孩子们的来信让我感受到了青年一代的热情、勇敢、朝气和毅力，我被他们深深地感染着，所以我决定为了他们，为了未来的青年们，再写一本书。

这几年我投身于另外一个领域，这个领域要比我之前所熟悉的工作领域困难许多、抽象许多，甚至影响到了我的思想，把我从原来宏观的世界带到一个个无限小的粒子身上，而全部的世界，包括人自身都是由这些小微粒构成的。

最近20年里，我参与创立了一门崭新的科学，这门科学就是地球化学。它不是简简单单坐在舒适的房间里写一写就出来的，而是经过无数次的观察、实验和测量才产生的。我们这些人是为了全新的思想而奋斗，在奋斗中产生了地球化学。每次我把新的一章写完时，我真的感到非常高兴。

那么对于地球化学我要讲些什么呢？它究竟是一门怎样的科学？为什么不能归于化学，而非要命名为地球化学？还有，为什么化学家们不来写地球化学，而是由地质学家、矿物学家来写呢？对于这些问题，读者在阅读第一章时是得不到答案的。因为第一章虽然讲了很多材料，但是都很简要。只有把这本书前前后后都读懂，才能回答这些问题，才会由衷感受到地球化学的趣味。

在结束这篇引言之前，我非常愿意给读者提供一些意见。我们这本书由四个部分组成，一章接着一章，从普通的物理学和化学上的问题转到地球化学的问题。如果你是一个初学者，对物理学或化学没有学习过，那么你需要仔细认真研读。但如果你已经有了一定的物理、化学基础，你可以跳过那些你已经知道的内容，直接阅读你感兴趣的未知的知识。你也不需要担心，因为我们将每章内容写得都比较独立，不会牵扯到前后章节。

如果你是名学生，那么你可以结合你的化学课程来阅读这本书。比如你在学到非金属时，可以看看这本书里的硫和磷的内容；学到过渡金属时，可以阅读一下钒和铁两节。

如果你对地质学非常感兴趣，那么恭喜你。这本书可以给你一个全新的学习地质的视角，那就是将化学元素与地质学相结合，叙述元素在地壳中的分布和变迁历史。其中的重点就是"自然界里原子的历史"一章。

但我这本书可能不能满足热爱化学的人，因为这本书里详细介绍的元素并不算多，只有15种。因为这15种元素就在我们周围，它们非常典型。如果大家想自己叙述一下其他元素的历史，我会非常高兴。因为这真的是一件有意义的工作！

Chapter 1
原子世界

什么是地球化学

地球内部的化学变化

地球化学是什么？——想要理解我们这本书里所讲的知识，需要先回答这个问题。看看这个名词"地球化学"，让我们把它拆分成"地球"与"化学"。研究"地球"的科学其实就是"地质学"。地质学是一门研究地球组成与变化的学科。它会告诉我们地球是怎么形成的，又是如何变化的，山川河流怎么形成，**火山熔岩**怎么形成，以及海底如何能沉积淤泥沙粒，等等。

哦，对，我们只说了一半，还有"化学"啊。化学是什么呢？让我们从熟悉的"地质学"里找找答案：

地质学里有一个很普遍的研究对象，它就是海水。海水是天然形成的混合物。海水分子非常特别，是由不同数量的几种极微小的"小球"堆叠起来的，但不是乱堆，而是根据一定的规律堆叠的。同样是这几种"小球"，哪怕在数量也相同的情况下，仍然可以堆出不同的形状。因此同样是水，在自然界中它也有好多种模样，比如南极的冰川，还有早上的晨雾。

在科学家们大约200年的努力下，我们知道这种"小球"有118种，我们给它们起了个名字，叫元素。在这118种化学元素里面，有能构成气体的氮、氢、氧元素；也有能构成金属的钠、镁、铝、锌、铁元素；还有构成非金属的碳、硅、磷等元素，它们构成了我们周围世界的基础。并且，这些元素按照一定的规律，可以排列成 门捷列夫 周期表，也叫作元素周期表。

门捷列夫（1834~1907年），俄国科学家，发现化学元素的周期性，依照原子量制作出世界上第一张元素周期表，并据以预见了一些尚未发现的元素。

在门捷列夫周期表的每个格子里，都放着一种元素——一种原子；每个格子依次有一个号码——原子序数。比如第1号元素是氢，它是最轻的元素，第82号元素是铅，铅的重量是氢的约208倍。

原子是由位于中心的原子核与围绕原子核运动的一个或多个电子组成，电子是不断运动的，就像是多个行星围绕太阳旋转一样。而氢原子例外，因为它只有一个电子，所以它就像月球围绕地球一样。但是相比太阳与地球的巨大，原子非常小，它的直径只有千万分之一毫米。因为不同的原子有不同个数的电子，原子互相交换电子便化合成分子。

化学研究的基本对象就是周期表中的化学元素和它的原子。化学其实也是一项研究变化的学科，这个世界上单纯由一种元素组成的物质是非常少的，大多数是由多种元素组成的化合物。所以从最基本的原子出发，化学研究的便是怎样由单纯的原子合成出复杂的化合物这样的变化过程。

好了，总结一下上文，地质学研究的是地球的变化，化学研究的是物质的化学变化，所以综合起来，地球化学研究的便是地球内部的化学变化。

化学元素和它的原子

所有的化学元素，作为独立的单位，在地壳里不断地移动、碰撞、结合。在不同的环境下，比如地壳的深浅、温度的高低、压强的大小，元素根据哪些规律进行相互作用，这是现代地球化学所需要研究的。

有些元素（例如镧、钪）很难呈现聚集状态，以至其在岩石中含量非常少。这类元素被称为稀土元素。稀土元素一共有17种，它们的发现历经了整整153年的艰苦历程。由于提纯技术的限制，门捷列夫在1869年给出的第一版元素周期表中，就赫然在后面留有一个空位。不过这个预言就像放在漂流瓶中的信笺一样，暂时被学术的汪洋大海静静淹没了。

19世纪晚期，瑞士科学家马利纳克从玫瑰红色的铒土中，通过局部分解硝酸盐的方式，得到了一种不同于铒土的白色氧化物，他将这种氧化物命名为镱土，这就是被发现的稀土元素里面的第6名。当时马利纳克手头样品没多少了，就建议那些有充足铒土的科学家多制备一些镱土，以研究镱的性质。

当时瑞典乌泼撒拉大学的尼尔森手头正好有铒土的样品，他就想按照马利纳克的方法将铒土提纯，并精确测量铒和镱的原子质量（因为他这个时候正在专注于精确测量稀土元素的物理与化学常数，以期对元素周期律做出验证）。但是这时候奇怪的事情发生了，马利纳克给出的镱的原子量是172.5，而尼尔森得到的则只有167.46。

尼尔森敏锐地意识到这里面有可能是什么轻质的元素鱼目混珠进去了，才让这个原子量的测定不再准斤足两。于是他将得到的镱土又用相同的流程继续处理，最后测得的原子量更是只有134.75；同时光谱中还发现了一些新的吸收线。显然，尼尔森的判断是正确的，因此他也就获得了给那新的元素起名的权利。他用他的故乡斯堪的纳维亚半岛给这种新元素命名为Scandium，也就是钪。

与稀土元素形成巨大反差的是那些非常容易聚集，因此也就较早被发现的元素，例如铁和铜。铜是人类最早使用的金属。

早在史前时代，人们就开始采掘露天铜矿，并用获取的铜制造武器、工具和其他器皿，铜的使用对早期人类文明的进步影响深远。比如秦国冶炼青铜的技术比其他六国先进，可以制造出更长的宝剑，更有利于将士拼杀，所以技术的先进为秦国的大一统提供了巨大的优势。

地球化学不仅着眼于地球内部乃至整个宇宙中化学元素的分布与迁移的规律，研究还可以在苏联的某些区域，例如高加索和乌拉尔展开。那些地方的油田中的碳、氢、氧元素非常丰富，科学家们可以通过分析这些元素的迁移与分布，判断出哪些区域富含石油。地球化学研究着每一种元素，既要判断它们的动态，还需要了解元素的物理化学性质。比如，它容易和哪种元素化合聚集，又容易与哪些元素分开。

由此可见，现代地球化学已从理论层面转向实际，而地球化学家则成了勘探者，他需要指出：

● 哪里可以找到煤与天然气？

● 怎样从岩石中提炼出镧？

● 怎么从地理环境和变迁历史中判断出哪些元素不可能存在于此？

……

这么看来，地球化学是与地质学和化学一起进步的。

地球化学的贡献

我不愿举出大量的例子使你们困惑，也不想把所有地球化学的知识一股脑儿全给你们。我们只希望你们可以对这门新科学产生兴趣，希望你们在了解了元素们在整个世界的旅行后，能够真正地相信，地球化学真的很年轻，它有着非常广阔的前途。

现在，地球化学研究正在经历三个较大的转变。

● 由大陆转向海洋。

● 由地表、地壳转向地壳深部、地幔。

● 由地球转向宇宙。

地球化学的分析测试手段更为精确、快速。至于地球化学的应用，它除继续为矿产资源、环境保护等做出贡献外，还将为全球气候变化、行星探测、深海观察等提供新的成果。

看不到的原子

缩小的实验室

来，伸出你们的手，让我带你们去一个微观的世界。首先，我们来到这个能放大能缩小的实验室。

我们走进去，已经有人在等我们了。

"哦，博士，您好呀！"

"你们好，欢迎来这里，让我向你们介绍一下这个小屋。这个屋子是由特殊材料建成的，看看这个把手，只要我把它向右一转，我们就会缩小，一分钟后可以缩小到千分之一。那时候我们走出去，就会有一双能够媲美精细显微镜的眼睛。如果大家觉得还不够，再回到这个小屋，我还可以让大家再缩小1000倍。来，准备好，转！"

我们现在已经是"蚂蚁人"了……听到的都是一些沙沙、咔咔等非常嘈杂的声音，这是因为我们的耳朵已经失去了调节声音的功能。我们的眼睛，我的天，我们可以看到青草里一个又一个的细胞小房子，甚至能看到小房子里那许多不同形状的小颗粒，有长条状的，有圆圆的，那是细胞里的"家具"吗？哇呜，漂来一大滴血液，原来血液里有这么多细菌啊，那个圆饼状的是血红细胞、长杆状的是大肠杆菌……可是我们还是看不到分子啊。

脸颊被大风吹得有点儿痛，于是我们又回到了屋子里，看来大家还想再小一些，因为我们还没看到分子啊。接着转动把手。我的天，怎么这么黑啊，地震了吗，怎么会这么动荡？

等我们完全变小后，我们看到了小屋外面的场景。狂风呼啸，还有好像是子弹一样的东西不断轰击着我们的屋子，这些子弹速度非常快啊，都看不清它们的运动。这时，博士说话了：

"我们现在不能出去，我们现在只有正常身高的百万分之一，也就是只有1微米多，哦，那位身高2米的篮球运动员先生，您现在是2微米。百亿分之一米就是一个'埃'，是原子与分子的长度单位。外面那些子弹其实就是空气中的气体分子，是的，先生，空气分子的直径是2～3个埃，而且空气分子的运动速度真的非常快。

"刚才我们走到屋子外面，感觉到风中有沙子吹打在我们的脸上：那是直径大的个别分子聚集体。但现在我们更小了，所以那些子弹对于我们来说就太危险了，这些子弹就是空气中的气体分子，分子运动太快，我们无法看清它们。先生们，我们和小屋不能变得更小了，因为更小的我们将无法承受外面世界的攻击，所以，我们的缩小之旅到此结束。"

博士说完之后，将把手向左转了回去。

刚才的旅程虽然是我们的想象，但是却是根据科学研究理论而想象出的合理情景。

我们在生活学习的过程中需要不断地和周围的物体接触，有像花草一样有生命的东西，也有像桌椅一般无生命的东西，有固体，有液体，当然也有气体。所有的这些用学术化的词语描述就是——物质。某种物质有什么样的构造，又会有什么样的物理化学性质呢？

物质的结构与性质

在进行"缩小旅程"之前我们总是觉得物质是一个整体，没有空隙。比如磁铁、水，还有空气。但是缩小后的我们却看到，原来青草里有那么多的细胞，一滴血里也有那么多的各种各样的细菌，甚至空气中有那么剧烈的"子弹攻击"。

再举一些生活中的例子，比如说气球，在炎热的夏天，气球很容易爆裂，而冬天则不会，这与气球壁上的空隙有关。所以，我们应该得出一个结论：物质的内部有许多肉眼看不到的空隙。

为什么会有空隙呢？任何物质在无限放大后，我们都可以看到它们是由颗粒组成的。这些小粒子有的叫作原子，有的则叫分子。这是由物质的性质决定的。而每个粒子都有自己的运动范围。粒子与粒子接近时会互相排斥，所以无法黏在一起。

我们将粒子连同它周围的运动范围看成一个弹性球。球的半径一般用 埃 做单位，每种元素都是大小不同的弹性球。比如，氢原子球半径是0.79埃，硫原子球半径是1.04埃。那么这些弹性球如何排列堆积，从而组成物质呢？

> 埃，全称"埃米"，是晶体学、原子物理、超显微结构等常用的长度单位，等于纳米的 $\dfrac{1}{10}$。

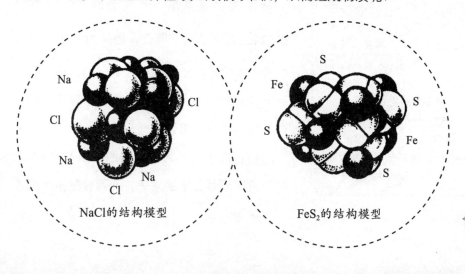

NaCl的结构模型　　　　　FeS$_2$的结构模型

如果我们把同种球随便放进一个盒子里，球便会胡乱滚开，所占的容积要大于整齐堆积的小球总体积。各种各样的堆积方法中，占得容积最小的方法叫作最紧堆聚法。具体做法是：

将一堆小珠子放在碟子里，轻轻敲打碟子。所有珠子会向碟子中心滚动，很快会排列成行。你会发现，球心之间的连线彼此成60°角。比如铜、金等金属原子便是这样的堆积方法。

如果是两种不同的球，比如食盐由氯元素和钠元素组成，氯离子弹性球要比钠离子弹性球大。排列方式是两个大球中间穿插一个小球，每个大球被6个小球包围，而每个小球也被6个大球包围。

所以，物质是由最小的粒子——原子通过一定的排列方式组合而成。

元素的化学性质

留基伯（约公元前 500~前440年），是古希腊唯物主义哲学家，原子论的奠基人之一。

德谟克利特（约公元前460~前370年），是古希腊伟大的唯物主义哲学家，原子唯物论学说的创始人之一，率先提出原子论（万物由原子构成）。留基伯是他的导师。

约翰·道尔顿（1766~1844年），英国化学家、物理学家，近代原子理论的提出者。

"原子"这个思想早在公元前500至前400年间被 留基伯 和 德谟克利特 提出（希腊文的原意是"不可分的"）。直到 道尔顿 提出了原子理论，他认为，物质世界的最小单位是原子，原子是单一的，独立的，不可被分割的，在化学变化中保持着稳定的状态，同类原子的属性也是一致的。

到目前为止，人类已知的元素有118种。同种或不同种元素的原子，两两或是多个互相结合可以生成绝大多数物质的分子（少数物质是由原子构成，比如稀有气体）。物质中原子和分子的数目是非常多的。例如，18克水（1摩尔）中含有6.02×10^{23}个水分子。

起初人们认为原子是最小的粒子，不可再分。但随着进一步的研究，尤其是对元素放射现象的探讨，人们才明白原子本身具有一个非常复杂的结构：

• 每个原子的中心都有一个原子核，原子核的直径大约是原子直径的十万分之一。

• 虽然原子核非常小，但是却占有原子的大部分质量。

• 原子核是由带正电荷的质子和不带电荷的中子组成，不同原子的质子数不同。

• 原子核外是不断绕着核旋转的电子，电子的个数等于质子数，所以原子是呈电中性的。

对于元素来说，它的化学性质是由原子半径和最外层电子决定的。所以，即使是不同的原子，只要它们的最外层电子数一样，这些原子的化学性质便是相似的。比如氯、溴、碘。

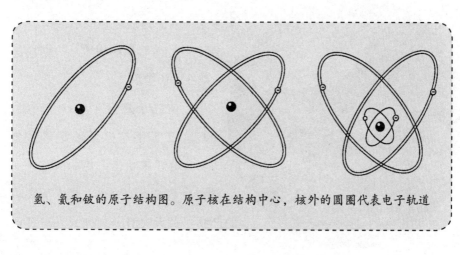

氢、氦和铍的原子结构图。原子核在结构中心，核外的圆圈代表电子轨道

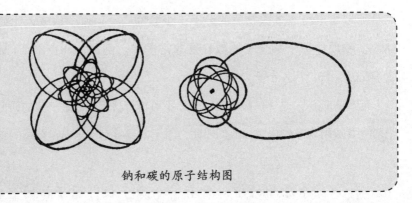

钠和碳的原子结构图

如图是几种原子的结构模型，可以看出，不同的原子，核外电子轨道不同。

身边的原子

三个场景

让我们先看一下这三个场景。

第一个场景是一个山顶湖：阳光明媚，平静的湖面上泛着粼粼波光，周围是灰白色的石灰岩，山崖上竖立着零星的树木。一切都是那么安静美好。

第二个场景是一个冶炼工厂。工厂上空笼罩着烟雾和蒸汽，冶炼塔吐出红色的火焰——这是世界技术的奇迹，是人类文明的产物；每天会有一列列的火车装载

塔什克山顶湖

着铁矿石、焦炭、石灰石向工厂开去，而工厂则生产出各种铁条、钢块、钢轨等产品，然后火车再将这些产品运往下一个工业中心。

第三个场景是一辆苏联的"吉斯110"型汽车，车两边的深绿色喷漆闪着光，发动机有着140匹马力，发出轰隆隆的声响，车内有无线电收音机，播放着歌曲。这辆有着辉煌历史的漂亮小车是由3000种零件装配成的。

看到这三个场景，你们有什么问题想问吗？

山顶湖

第一个场景是一片山顶湖，这片湖里隐藏着什么地质学知识呢？

地质学家说：

> 这个山顶湖其实是自然力量的体现，这么大面积的洼地是如何形成的？这片蓝色的湖被什么拦截在这山崖上？能使岩层隆起产生褶皱的力量该有多强大！

矿物学家说：

> 是啊，自然的力量。看那灰白色的山崖，是历经了几万年甚至是十几万年，才将淤泥、贝壳、甲壳压缩形成结实的石灰石，我们需要放大10倍的矿物放大镜，才勉强能看到一个个闪亮的方解石，这些方解石是石灰石中的主要矿物。

工业化学家说：

> 不止这些，这些石灰石成色这么好，差不多是纯净的碳酸钙了，这是煅烧石灰和制作水泥的最好原料。碳酸钙是钙和二氧化碳的化合物，将其放在酸液里，看，它会溶解，钙会留在酸液中，而二氧化碳则滋滋地跑到空气里了。

地球化学家说：

　　我非常欣赏你说的那个"差不多"，因为通过分光镜，我们可以发现这石灰石里有锶、钡和硅原子，再分析得精确些，还能发现锌和铅。你们或许会说那里有最纯粹的石灰石吗？答案是没有。有时候我们会想：自己脚下这一立方米的石块里是不是能找出几十种甚至上百种元素。

　　这些科学家的话给了我们极大的启发，让我们不由得想走进这个领域，去发掘那些隐藏在我们身边的秘密。

冶炼工厂

　　好，让我们再看看第二个场景中的工厂。塔一般的高炉里燃烧着熊熊火焰，里面是铁矿、焦炭和石灰石；为什么有粗大的管子伸到炉子里，那管子输送的是什么？铁矿在高炉内熔化，灼热的气体在上方喷出来，映照出红光，炉子内到底发生了什么？

　　先给大家回答一下第二个问题，炉子里发生的其实是原子之间的故事。

　　铁矿石里小小的铁原子与大大的氧原子结合紧密，为了能将铁原子们分离出来，生产出可以用来煅打的金属铁，我们应该怎么做呢？实践出真知，经过了上百年的摸索，人类终于制订出了冶铁的详细方案。

　　首先我们要选出可以帮助我们把铁从氧的怀抱里夺出来的帮手，千挑万选，我们选出了硅原子和碳原子。硅原子半径小，在燃烧过程中可以钻进铁矿中将氧原子夺过来，而碳原子半径较大，只能在矿石外面等着硅原子运出氧，然后将其紧紧抱住生成二氧化碳。这样，剩下的铁原子就可以聚集起来变成熔铁了。

完成这样一项大工程需要火力和风力的联合，火力供给高温能量使炉内所有的原子都运动起来，而风力，对，就是那根巨大管子所通进炉内的东西，则将炉内生成的气体带到上方，留下所有重的东西沉在炉底。至此，我们得到了想要的东西——铁。

"吉斯110"型汽车

让我们接着看第三个场景，苏联制造的"吉斯110"型汽车。

汽车这么坚硬的东西，大家肯定知道铁是构成它的主体。但是，这辆车不只是单纯的铁哟。看它的发动机，制成发动机体的原料叫铸铁。铸铁是碳含量为4%的碳铁合金。不同碳含量的铁有不同的性质，比如那种含碳量非常小的铁，就非常坚硬，我们将其称为钢。铁里掺杂着锰、镍、钴、钼，就会赋予它弹性，很坚韧。铁里掺上钒，则会非常柔韧，弹簧便是由它造的。

参与汽车构造的元素，用量排在第二位的是铝。活塞、把手、车身、车顶、踏板均是由铝或铝与铜、硅、锌、镁的合金制成。

还有，火花塞里的瓷、车身外的喷漆，还有蓄电池中的铅、硫……总结起来就是，吉斯110汽车是由65种元素和100多种合金制造的。

在人类历史上农业是最早出现的，之后是手工业，而工业则始于18世纪，工业的产生、发展是以人类的知识积累为基础的。比如，地壳中有90多种元

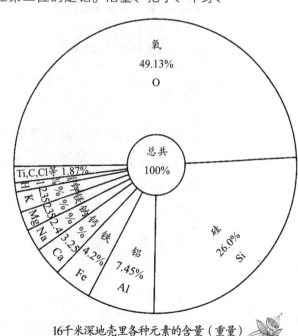

16千米深地壳里各种元素的含量（重量）

素，含量排在前5位的元素是氧、硅、铝、铁、钙，这5种元素就占据了百分之九十以上。剩下的80多种元素，包括镍、钴、钼等，加起来只占不到10%，为了能富集镍、钴、钼原子，人们经历了无数实验，不断失败又不断开始，最终掌握了这些原子的获得方法，从而建造了工厂，生产出汽车。

在漫长的时间长河中，人类不断摸索前进，学习各个元素的知识，了解它们的习性，掌握它们的变化规律，在所有条件都具备后，利用这些规律，发挥出人所具有的独特的创造力。如果说，塔什克山顶湖是强大自然力的见证；那么工厂和汽车便是人类智慧的象征。

原子的诞生和动态

永恒运动

每个人心中都有一幅曼妙的夜景图，我心中的夜景是这样的：一望无际的大海上一丝风也没有，海面像镜子一样倒映出天空，皎洁的月亮身边陪伴着一颗星星，金星伴月美丽如斯。四周静悄悄的，连海鸟都窒息于这样的美，一声不发只是默默地看着这一切。这样的夜景确实存在着，所以，有时候人们就会产生这样的感觉，世界是静止的。

但是，真是静止的吗？

打开无线电收音机，旋转转钮，你便听到各种声音。它们都是电磁波的声音，有的波长只有几米，有的波长却长达几千千米，这些电磁波冲上高空又折回地面，彼此重叠，用人耳无法察觉的振动充斥着全世界。

　　整个世界都是躁动的。哪怕是看上去从没移动过的星星也是以每秒几百、几千千米的速度飞驰在整个宇宙中。有些星球以非常快的速度旋转着，卷出瑰丽的星云；有些星星则是冲向未知的宇宙空间，一直向前遨游；最有名的那个星球叫作太阳，它"领导"着一群环绕着它的天体，向着银河飞去。

　　太阳表面的温度非常高，可以将四周的物质变成蒸气，蒸气以每秒几千千米的速度向上冲，很快就生成几千千米高的气流，成为 日珥 。

　　不止在星球表面，那些星体的内部，也有物质在沸腾着。在高达几千万摄氏度的环境下：小粒子分开，原子核分裂，核外电子汇集成电子流跑到星体的上空，射出的电磁波则经过千百万甚至是几千亿千米的距离来到地球，扰乱了大气的平静。

　　宇宙是动荡的，在大约公元前几十年，就有一位名为 卢克莱修 的学者说得非常贴切：

> 　　太阳周围镶着一个红色的环圈，上面跳跃着红色的火舌，这种火舌状物体就叫日珥，日珥是在太阳的色球层上产生的一种非常剧烈的太阳活动，是太阳活动的标志之一。

> 　　卢克莱修（约公元前99年～约前55年），罗马共和国末期的诗人和哲学家，因哲理长诗《物性论》著称于世。

不用说，那些原始的天体，
在辽阔的空间到处得不到安息。
相反，它们不断做出各种运动，相互追赶，
有一部分彼此碰撞而远远飞散，
有一部分却分散在相离不远的地方。

该说说我们的地球了。看上去仿佛非常安静，其实它也是活的。它的表面充满了生命活动，每一寸土壤里有千百万个细菌；地心深处奔腾着火热的熔岩；大海中的分子永远在移动，而且它们的振动路线既长又复杂；大气与地球也永远在交换原子，氦原子由地下深处发散出来，它的速度大到可以挣脱地心引力。氧气分子可以从空气中转入有机体，二氧化碳分子也可被植被分解参与碳循环。

向细微处看去，一块纯净的晶体，很坚硬也很安静，好像晶体里那些小格子是固定的，格子交点上的原子也一动不动。但是不要被假象骗到，原子不会那么"乖"的，它们在各自的平衡点上颤动，彼此之间交互着电子，那些电子顺着错综复杂的轨道运动着。总而言之，我们周围的一切都不是死的。

在很久以前的古希腊时期，有一位生活在小亚细亚的著名哲学家，他叫 赫拉克利特 。他洞彻了宇宙，并且说过一句话。他说："一切都在流动（万物皆流）。"这句话被赫尔岑奉为人类史上最天才的至理名言。

赫拉克利特的这句话说明他是以永恒运动的思想和观念看待整个世界的。人类的这种思想度过了历史上的各个时期。卢克莱修根据这种思想创立了关于万物本质和世界历史的哲学原理。

> 赫拉克利特（约公元前540~前470年）是一位富有传奇色彩的哲学家，是爱菲斯学派的代表人物。"人不能两次走进同一条河流"也是赫拉克利特的名言。

> 罗蒙诺索夫(1711~1765年)，俄国百科全书式的科学家、语言学家、哲学家和诗人，被誉为俄国科学史上的彼得大帝，提出了"质量守恒定律"（物质不灭定律）的雏形。

科学家 罗蒙诺索夫 则是在此思想上构建了他的物理学，他认为自然界每个点都有三种运动形式：直线的、旋转的、摆动的。在科技飞速发展的今天，许多现象均证明了这个思想是正确的。

所以，我们也要学会用这种眼光看待周围的世界，探索物质的规律。

我们可以观察的宇宙范围是非常广大的，大到用千米来丈量它都太小了。比如太阳和地球，它们之间的距离大约是1.496亿千米，哪怕是以光的速度跑，也需要499秒。所以，科学家们提出了使用"光年"这个单位。我们所看到的星光很多都是经过了千百万年才到达地球。

> "光年"是长度单位，是计量光在宇宙真空中沿直线传播一年时间的距离单位，一般被用于衡量天体间的时空距离。

压力、温度、放射

宇宙中数量最多的物质是氢。氢原子在万有引力和原子间一种特别的力的作用下聚集起来。当聚集的原子个数达到一定数量时就出现了星球。但宇宙中并不是充满了星球，大部分的空间是空的，每一立方米可能只有10个或100个原子，所以那里的压力只有 1个标准大气压 的千万亿分之一。同理，可以想象那些星球，它们之所以密实是由星体深处的压力决定的，星体深处拥有几十亿个标准大气压力，再在几千万或几亿摄氏度的高温下，成为各种原子的诞生室，而氢便是实验的原料。

> 1个标准大气压是指温度为0℃、纬度45°海平面上的气压，汞气压表上的数值为760毫米汞柱，相当于101325帕。

> 绝对零度是热力学的最低温度，是开尔文温度标定义的零点，也就是0开氏度，约等于-273.15℃。在此温度下，物体分子没有动能和势能，动势能为0，故此时物体内能为0。

一面是空荡的星际空间，只有零星的原子在其中飞行着，这里的温度几乎是 绝对零度 ；另一面是星体的中心，那里的原子在千百万摄氏度的温度和千百万个大气压下，克服排斥力聚集成一块相当密实的物质。这是在地球上从未看见过的，化学元素便由此演变而来。照这样的原理，不同的地方造出不同的化学元素。有的元素的原子重，储藏的能量多；有些比较轻，则上升到星体的大气层中；还有一些因为性质不活跃，留在了星体表面上。

　　不只有温度和压力的作用，还有放射作用也会对元素的产生有影响。放射的能量非常大，大到可以破坏稳定的原子核，所以有些原子分裂了，有些原子生成了。原子们开始了宇宙旅行，有些原子，像钙和钠，在宇宙空间里自由翱翔；有些原子比较重，它们聚集在星体的某些部分中。一旦温度降低，原子便连在一起生成简单的化合物分子：碳化物、碳氢化物和乙炔等，这些化合物便是原子结合的最初产物，也是存在于星体灼热表面的物质。在稍温和的环境条件下，这些简单的分子逐渐形成整齐的系统，构成宇宙形成的第二个环节——晶体。形成1立方厘米的晶体需要千万亿个原子，所以晶体显示出完全不同于原子的性质——晶体的性质。

　　曾经我们认为原子是不可分的，是永恒的。但是经过上述分析，我们明白了原子也是要听时间的话的。就像原子在炽热的星体里生成、发展和死亡，以及放射性原子会衰变成其他原子一样。

　　我不需要再接着描述下去了，因为我相信你们已经感受到了世界的复杂性和运动性。我们人类对于世界的认识只如冰山一角，若想获得更多的真理，还需要一代代的人们继续探索。

　　这时候我只想采用卢克莱修的诗句来总结：

原始的时候只是一片混沌和暴风，
一切的开端都是没有秩序地乱哄哄，
在混乱的交战里产生了
空隙、路线、结合、吸引、冲撞、相遇和运动。
因为它们的形状样式各不相同，
大的和小的互相冲散，各奔西东，
它们之间的运动毫无规律，
性质不同的部分彼此分散，

相同的部分联合占据一部分世界，

然后在这世界里发展、合作和分工。

其实，人的理智也反映了永恒运动和发展的过程：刚开始时是糊涂混乱，然后是慢慢看清事物之间的联系，明白运动是合乎规律的，最后产生了对宇宙统一的认识……这也是现代科学向我们展现的世界。

门捷列夫发现元素周期律

门捷列夫的发现

在圣彼得堡大学实验室的一所老房子里，有一位名叫门捷列夫的青年教授。他正坐在书桌前埋头编写普通化学教程的教义。面对要讲授的多种元素和化学定律，门捷列夫陷入苦恼，究竟怎么讲呢？讲到金属钾、钠、锂、铁、锰和镍时，怎么能够串起来呢？现在，他其实已经隐隐感觉到这些原子之间有着一些还未被世人发觉的联系。

他拿出几张卡片，每张上面都用笔大大地写出一种元素的字母表示符号、原子量和典型的性质。之后他开始依照元素的性质对这些卡片进行整理分类。

慢慢地，这位年轻的教授看出了点儿什么。他将所有元素按照原子量递增的顺序排成一排，排除少数例外的元素，发现一定数量之后会出现性质与第一张元素相似的元素，于是又从这张开始将那些性质相似的元素排在第二排，第二排排了7个，接着排第三排，这样安排好了17个元素。一列的元素性质是相似的，可也有不完全相似的，所以不得不调整空出一些

位置。又接着往下排了17张卡片，再往下就比较复杂了，无法将元素归队。可是元素性质的重复性还是看得出来的。

门捷列夫把自己所知道的元素全部排进去了，排出一张特殊的表，表里除了某些元素外，其他均是按照原子量递增的顺序一个一个横排下去，而且性质相似的元素都上下对齐成一列。

就在1869年3月，门捷列夫将自己的发现写了个报告递交给圣彼得堡

ОПЫТЪ СИСТЕМЫ ЭЛЕМЕНТОВЪ.

ОСНОВАННОЙ НА ИХ АТОМНОМЪ ВѢСѢ И ХИМИЧЕСКОМЪ СХОДСТВѢ.

				Ti = 50	Zr = 90	? = 180.
				V = 51	Nb = 94	Ta = 182.
				Cr = 52	Mo = 96	W = 186.
				Mn = 55	Rh = 104,4	Pt = 197,4.
				Fe = 56	Rn = 104,4	Ir = 198.
				Ni = Co = 59	Pl = 106,6	O = 199.
H = 1				Cu = 63,4	Ag = 108	Hg = 200.
	Be = 9,4	Mg = 24	Zn = 65,2	Cd = 112		
	B = 11	Al = 27,4	? = 68	Ur = 116	Au = 197?	
	C = 12	Si = 28	? = 70	Sn = 118		
	N = 14	P = 31	As = 75	Sb = 122	Bi = 210?	
	O = 16	S = 32	Se = 79,4	Te = 128?		
	F = 19	Cl = 35,5	Br = 80	I = 127		
Li = 7	Na = 23	K = 39	Rb = 85,4	Cs = 133	Tl = 204.	
		Ca = 40	Sr = 87,6	Ba = 137	Pb = 207.	
		? = 45	Ce = 92			
		?Er = 56	La = 94			
		?Yt = 60	Di = 95			
		?In = 75,6	Th = 118?			

Д. Менделѣевъ

门捷列夫于1869年排成的元素周期表

理化学会。他已经意识到这次发现的重要意义，便开始专注于修正自己的表格。不久之后，他明白表里确实要留出空位。

"将来在硅、硼、铝下面的空位里一定会有新元素。"不久后，他的预言就被证实了，这三个空位里放入了新发现的三种元素钪、镓、锗。

就这样，门捷列夫做出了化学史上最了不起的发现。但是，你不要以为只是排排卡片那么简单，也不要认为门捷列夫不过是运气好。要知道那时候人们只发现了62种元素，而且原子量的测定有一部分还是错的，原子的性质也没有被研究透彻。所以只有深入探索过每一种原子，掌握这个元素和那个元素相似的地方和每种原子的"旅行路线"，才能取得这样的成就。

其实，当时也有另外几位科学家发现了元素性质的相似性。但是大部分的科学家觉得替元素找相似者这种想法很荒谬。比如，有一位名叫**纽兰兹**的英国化学家，

> 纽兰兹（1837～1898年），英国分析化学家、工业化学家，在门捷列夫之前发现并研究了化学元素性质的周期性。

他想发表一篇文章，文章主题是某些元素的性质会随原子量的增加重复出现，却被英国化学学会拒绝了。另外一位化学家还嘲笑他说，如果纽兰兹把所有元素按着它们的字母顺序排列，或许会得出更棒的结论。哪怕是门捷列夫，在他提出自己的看法与老师讨论时，他的老师还批评他，说难道这些元素被他用这些卡片摆弄就能发现出什么规律吗？

化学元素周期律

想要发现自然界的基本定律，证明每种元素都服从这样的定律，并且可依据这个定律推导出元素的性质，这不仅需要天才的直觉，还需要坚持不懈、永不言弃的精神。这件事情只有门捷列夫做到了。他想出了自然界全部元素的相互关系，把元素有条不紊地整理了出来，发现了自然界的新定律——化学元素周期律。

门捷列夫化学元素周期表（早期版本）

周期	系	I (R₂O)	II (RO)	III (R₂O₃)	IV (RH₄ / RO₂)	V (RH₃ / R₂O₅)	VI (RH₂ / RO₃)	VII (RH / R₂O₇)	VIII (—)			O (RO₄)
1	I	H 1 氢 1.0080										He 2 氦 4.003
2	II	Li 3 锂 6.940	Be 4 铍 9.103	B 5 硼 10.82	C 6 碳 12.010	N 7 氮 14.008	O 8 氧 16.0000	F 9 氟 19.00				Ne 10 氖 20.183
3	III	Na 11 钠 22.997	Mg 12 镁 24.32	Al 13 铝 26.98	Si 14 硅 28.09	P 15 磷 30.975	S 16 硫 32.066	Cl 17 氯 35.457				Ar 18 氩 39.944
4	IV	K 19 钾 39.100	Ca 20 钙 40.08	Sc 21 钪 44.96	Ti 22 钛 47.90	V 23 钒 50.95	Cr 24 铬 52.01	Mn 25 锰 54.93	Fe 26 铁 55.85	Co 27 钴 58.94	Ni 28 镍 58.69	
	V	Cu 29 铜 63.54	Zn 30 锌 65.38	Ga 31 镓 69.72	Ge 32 锗 72.60	As 33 砷 74.91	Se 34 硒 78.96	Br 35 溴 79.916				Kr 36 氪 83.80
5	VI	Rb 37 铷 85.48	Sr 38 锶 87.63	Y 39 钇 88.92	Zr 40 锆 91.22	Nb 41 铌 92.91	Mo 42 钼 95.95	Tc 43 锝 (99)	Ru 44 钌 101.7	Rh 45 铑 102.91	Pd 46 钯 106.7	
	VII	Ag 47 银 107.880	Cd 48 镉 112.41	In 49 铟 114.76	Sn 50 锡 118.70	Sb 51 锑 121.76	Te 52 碲 127.61	I 53 碘 126.91				Xe 54 氙 131.3
6	VIII	Cs 55 铯 132.91	Ba 56 钡 137.36	57-71 镧系	Hf 72 铪 178.6	Ta 73 钽 180.88	W 74 钨 183.92	Re 75 铼 186.31	Os 76 锇 190.2	Ir 77 铱 193.23	Pt 78 铂 195.23	
	IX	Au 79 金 197.2	Hg 80 汞 200.61	Tl 81 铊 204.39	Pb 82 铅 209.21	Bi 83 铋 209.00	Po 84 钋 210.0	At 85 砹 (210)				Rn 86 氡 222.0
7	X	Fr 87 钫 (223)	Ra 88 镭 226.05	89-100 锕系								

镧系元素 (Lanthanide elements)

电子层 P O N M L K

符号	原子序数	名称	原子量
La	57	镧	138.92
Ce	58	铈	140.13
Pr	59	镨	140.92
Nd	60	钕	144.27
Pm	61	钷	(145)
Sm	62	钐	150.43
Eu	63	铕	152.0
Gd	64	钆	156.9
Tb	65	铽	159.2
Dy	66	镝	162.46
Ho	67	钬	164.94
Er	68	铒	167.2
Tm	69	铥	169.4
Yb	70	镱	173.04
Lu	71	镥	174.99

锕系元素 (Actinide elements)

电子层 Q P O N M L K

符号	原子序数	名称	原子量
Ac	89	锕	227
Th	90	钍	232.12
Pa	91	镤	231
U	92	铀	238.07
Np	93	镎	(237)
Pu	94	钚	(242)
Am	95	镅	(243)
Cm	96	锔	(243)
Bk	97	锫	(245)
Cf	98	锎	(246)
An	99	锿	(247)
Cn	100	镄	(248)

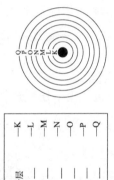

电子层	
I	—K
II	—L
III	—M
IV	—N
V	—O
VI	—P
VII	—Q

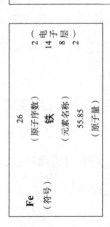

Fe （符号）
26 （原子序数）
铁 （元素名称）
电子层 2 14 8 2
55.85 （原子量）

门捷列夫在研究周期律上用了40年的工夫，在实验室里追寻化学的秘密至最深奥之处。后来，他进入俄罗斯度量衡检定局，用当时最精密的实验仪器研究测定金属的物化性质，得到的结果更加证实了周期律的正确性。他还到乌拉尔研究石油的起源，发现的结构也证实了周期律。门捷列夫临死前，把在1869年排好的元素表一再修正，让后来的化学家们在他的周期表的指引下不断补充新元素，最终变成了我们现在所见到的门捷列夫元素周期表。

之后，科学家们发现门捷列夫周期表对于研究原子结构的规律性也是很好的指南。1913年英国物理学家华莫斯莱在研究元素光谱时，无意中发现元素表的另一个规律性，那就是原子的核电荷数等于元素的原子序数，而且原子核外的电子个数也等于原子序数。那些电子被原子核吸引在周围，顺着轨道旋转。比如，锂的原子序数是3，它的核电荷数是3，核外也有3个电子。

任意一个原子，它的全部电子都是按照一定的分布方式排布在原子核外的。离核最近的第一层K层上，除了氢是一个电子外，其他元素都排布了2个电子。第二层L层上，最多能排8个电子。第三层M层更多，是18个。第四层N层是32个。

最外层电子结构决定了原子的化学性质。如果最外层电子数是8，那么这个原子是非常稳定的。如果最外层是一两个电子，那么这个原子是非常容易失去这一两个电子的，失去之后，原子就变成了离子。比如，钠、钾、铷最外层是1个电子，它们就非常容易失去这个电子变成带正电的一价正离子。这时倒数第二层变成了最外层，这层有8个电子，所以离子很稳定不会再起变化。

镁、钙、锶和其他碱土金属原子，最外层是两个电子。它们失去这两个电子后就变成了稳定的二价正离子。氟、氯、溴和其他卤素原子，最外层电子数是7，它们非常想再夺过来一个电子，这样最外层就补够了8个电子变成一价负离子。

如果原子最外层是3、4或5个电子时，这些元素变成离子的趋势就不是很明显了。

原子核结构决定了这种元素的原子量和在自然界里的分布含量。而原子的核外电子数则决定了元素的化学性质和光谱情况。自从发现了这些规律，世界上所有的科学家都明白了门捷列夫的元素周期律是自然界最奥妙的规律之一。

绘制元素周期表

科学家们想出来好多办法，打算让门捷列夫的元素周期表的特点更加清楚醒目。比如，将表要么画成纵横的条带，要么画成螺旋形，

今天的门捷列夫元素周期表

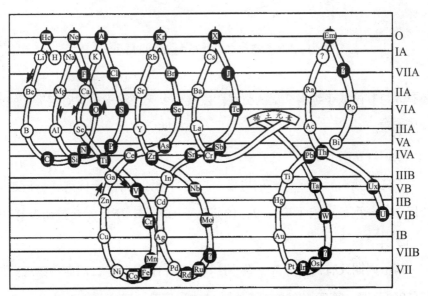

1914年，由索第绘制的门捷列夫元素周期表

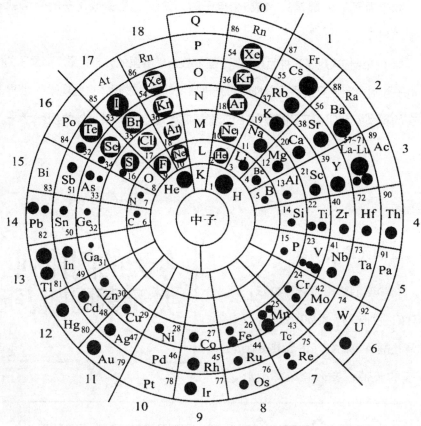

1945年，螺旋形门捷列夫元素周期表

还有人将其画成了纵横交错的弧线。发展到今天，终于有了固定形式的元素周期表。

我们现在来分析一下这张表。

首先，我们看到了许多的方格。这些方格一共有7行18列。一行是一个周期，一列是一族（第8、9、10列属于一族），所以元素周期表有7周期16族。

第一周期只有两种元素：氢（H）和氦（He），第二周期和第三周期都是8种元素，第四周期和第五周期是18种元素，第六周期和第七周期是

1	2	3	4	5	6	7	8	9	10	11	12	13	14	15	16	17	18
1 H 氢																	2 He 氦
3 Li 锂	4 Be 铍											5 B 硼	6 C 碳	7 N 氮	8 O 氧	9 F 氟	10 Ne 氖
11 Na 钠	12 Mg 镁											13 Al 铝	14 Si 硅	15 P 磷	16 S 硫	17 Cl 氯	18 Ar 氩
19 K 钾	20 Ca 钙	21 Sc 钪	22 Ti 钛	23 V 钒	24 Cr 铬	25 Mn 锰	26 Fe 铁	27 Co 钴	28 Ni 镍	29 Cu 铜	30 Zn 锌	31 Ga 镓	32 Ge 锗	33 As 砷	34 Se 硒	35 Br 溴	36 Kr 氪
37 Rb 铷	38 Sr 锶	39 Y 钇	40 Zr 锆	41 Nb 铌	42 Mo 钼	43 Tc 锝	44 Ru 钌	45 Rh 铑	46 Pd 钯	47 Ag 银	48 Cd 镉	49 In 铟	50 Sn 锡	51 Sb 锑	52 Te 碲	53 I 碘	54 Xe 氙
55 Cs 铯	56 Ba 钡	57-71 La-Lu 镧系	72 Hf 铪	73 Ta 钽	74 W 钨	75 Re 铼	76 Os 锇	77 Ir 铱	78 Pt 铂	79 Au 金	80 Hg 汞	81 Tl 铊	82 Pb 铅	83 Bi 铋	84 Po 钋	85 At 砹	86 Rn 氡
87 Fr 钫	88 Ra 镭	89-103 Ac-Lr 锕系	104 Rf 铲	105 Db	106 Sg	107 Bh	108 Hs	109 Mt	110 Uun	111 Uuu	112 Uub	……					

镧系

57 La 镧	58 Ce 铈	59 Pr 镨	60 Nd 钕	61 Pm 钷	62 Sm 钐	63 Eu 铕	64 Gd 钆	65 Tb 铽	66 Dy 镝	67 Ho 钬	68 Er 铒	69 Tm 铥	70 Yb 镱	71 Lu 镥

锕系

89 Ac 锕	90 Th 钍	91 Pa 镤	92 U 铀	93 Np 镎	94 Pu 钚	95 Am 镅	96 Cm 锔	97 Bk 锫	98 Cf 锎	99 Es 锿	100 Fm 镄	101 Md 钔	102 No 锘	103 Lr 铹

32种元素。所以，表中一共有118种元素，而且第57号和第89号方格中不是一种元素，是15种元素，第57号格内的15种元素叫作镧系元素，第89号格内的15种叫作锕系元素。

占据着第一格的元素是氢，氢核的质子中子是构成其他原子的基本材料，所以氢占据第一位是当之无愧的。至于尾格元素，曾经被铀一直占据着，现在经过一代代化学家们的努力，已经补全。每个方格里都有数字，这些号数便是原子序数，就是各原子所带的电荷数。

这些元素中有4种元素发现的过程比较曲折，它们分别是第43号、第61号、第85号和第87号。化学家们曾经分析了各种矿物和盐类，想在分光镜中看出新的光谱线，却都一无所获。杂志上也多次发表过文章说是发现了这4种元素，但之后都证明是错的。经过种种曲折，后来化学家们利用人工方法制取出了这些元素。比如，第43号元素的性质非常像锰，所以最初起名叫类锰，后来用合成方法制得后，取名锝；第61号元素始终未在地球和其他星体上被发现，是一种稀土元素，后用合成方法获得后，起名钷；第85号元素在碘底下，性质与碘相似，但更加容易逸散，它的名字是砹；第87号元素在很长一段时间里都是谜一样的存在，它是由门捷列夫预言过的，起名叫类铯，后来这种元素被合成出来，名字改为钫。

同位素

刚刚说过每个方格只有一个号数，也只有一种元素。但物理学家却站出来说其实并没有那么简单。例如第17格，应该只有一种氯气，氯原子中心一个核，外面有17个电子绕其旋转。但物理学家却说有两种氯原子，一种较重，一种较轻。而且无论何时何地，两种氯都是以相同的比率混合，所以氯原子的相对原子量总是35.45。再说一个元素，第30号元素锌，物理学家说有6种。可见虽然每个格子中只有一种化学元素，可这元素往往有好多种，也就是说有好几种"同位素"。

不用说，地球化学家对同位素的发现表现出了极大兴趣。为什么所有同位素都有严格的重量比例？化学家们费尽心思查证这个事实。他们分析了来自各处的盐：海水精制的食盐、湖里的盐、岩盐。从每种盐中制出氯气，没想到这些氯气的原子量完全相同。甚至是经由降落到地球上的陨石制出的氯气也是那样的情况。氯气的原子量始终未变。

但是，化学家们最后还是成功地把两种氯分开了。它们是通过复杂的蒸馏得到的两种气体：一种是轻的氯气，另一种是重的氯气。两种氯气的化学性质相同，就是原子量不同。

随后，人们发现氧原子有三种，重量分别是16、17、18。氢原子也有三种，原子量分别是1、2、3。这三种氢，人们分别为其起名为氕、氘、氚。氘和普通氢气的化学性质一样，但它的重量是普通氢气的两倍。实验室中是用电流把水分解得到纯氘，用氘组成的水叫重水，重水是可以杀灭活细胞的，这是普通水所没有的性质。

在实验室里取得这样的成就后，地球化学家把同样的问题放到自然界中进行研究。他们认为，既然化学家可以在一个长颈瓶中把氢分开，那么在自然界里也一定可以做到。只不过自然界的化学反应并不是在一个稳定不变的条件下进行的，而是处于一个不断变化的环境中。就像熔融的岩浆有时在地底下，有时却冒出了地面，所以在自然界是不可能收集到像在实验室里那样大量纯粹的同位素的。

但是，确实可以研究出，海水中的重水含量高于雨水、河水中的，而有些矿物所含的重水要多于海水中的。这些化合物之间的差别那么微小，只有用非常精密的实验和测试方法才能发现这些差别。

这么一看，同位素的发现让整个门捷列夫元素周期表变复杂了。但

是，读者们，同位素并没有损害门捷列夫周期表的伟大，它们只是在极微小的细节上改变了周期表。本质上，这张表还是很简单清楚地表现了自然界的面貌的。先把同位素放在一边，让我们深入地研究一下，这张表对于矿物学家和地球化学家到底有什么意义？

分析元素周期表

我们一列列来看元素周期表。

第一列：氢、锂、钠、钾、铷、铯、钫。除了氢之外，其余6个均为金属，我们称它们为碱金属。除了人工制成的钫外，其余5种在自然界里常常是一起的。钠的化合物里有食盐，钾的化合物中有烟火原料硝石。其余的碱金属很少见，多用于制造电气仪器。尽管这6种元素是不同的，但化学性质非常相近。

第二列：碱土金属元素。最轻的是铍，最后是镭，这6种元素性质也是十分相似。

第三列：钪、钇，之后是镧系和锕系。钪、钇和镧系共17种元素被称为稀土元素。稀土金属可制成永磁材料和超导材料，其氧化物可作发光材料。锕系元素包括锕、钍、镤、铀、镎、钚、镅、锔、锫、锎、锿、镄、钔、锘、铹，均为放射性元素。前4种元素存在于自然界中，其余11种全部由人工核反应合成。

第四列：钛、锆、铪、铲。铲元素为放射性元素，钛、锆、铪用于制造合金。

第五、六、七列：这些元素在钢铁行业上价值很大，将其添进钢里可以改善钢的性质。

第八、九、十列：这些元素均为金属元素，它们的突出特点是横着的3种元素性质相近。铁、钴、镍性质就很相像，常在同一处被发现，做化学分析时很难分开。还有轻铂族金属——钌、铑、钯，重铂族金属——锇、铱、铂，每一行的3种元素性质也是很相像的。

第十一、十二列：铜、银、金、锌、镉、汞，在生活中是很常见的。

第十三列：硼、铝、镓、铟、铊。我们对于生活中的硼和铝是熟悉的。硼是硼酸和硼砂的主要成分，硼砂可以用于焊接。铝含在刚玉、铝土里面，纯铝可以制造金属器皿、饭锅和调羹。这族元素比较复杂。铝是真正的金属，可硼是非金属。

德米特里·伊万诺维奇·门捷列夫

第十四列：碳、硅、锗、锡、铅。碳、硅属于非金属元素，其他为金属元素。碳很早就被人们熟识并利用，碳的一系列有机物更是生命的根本。硅极少以单质的形式在自然界出现，而是以复杂的硅酸盐或二氧化硅的形式，广泛存在于岩石、沙砾、尘土之中。

第十五列：氮、磷、砷、锑、铋。首先是气体氮，接着是易扩散的磷和砷，然后是半金属的锑，最后是典型金属铋。

玛丽·居里（1867~1934年），世称"居里夫人"，法国著名波兰裔科学家、物理学家、化学家。她的丈夫皮埃尔·居里也是一位著名的物理学家。1903年，居里夫妇和贝克勒尔由于对放射性的研究而共同获得诺贝尔物理学奖。1911年，居里夫人由于发现了元素钋和镭，获得诺贝尔化学奖，成为世界上第一个两次获诺贝尔奖的人。

第十六列：氧、硫、硒、碲、钋。前4种是非金属，钋则是放射性金属元素，能够在黑暗中发光，由 居里夫人 和她的丈夫发现。

第十七列：氟、氯、溴、碘、砹，称为卤族元素。这几种元素均易逸散。氟、氯在室温下是气体状态，溴是液体状态，碘则是固体，砹则具有放射性。

第十八列：氦、氖、氩、氪、氙、氡，称为稀有气体元素。它们非常不易与其他元素结合，第一个元素氦是组成太阳的主要气体，最后一个元素氡，其原子只能存在几天。

地球化学中展现出的元素周期表

自然界中的元素周期规律

在自然界中化学元素是怎样分布的呢？对于人类来说，这个问题的答案一直都是非常重要的。

在人们还没意识到什么是元素的时候，其实就已经开始寻找答案了。比如，在原始社会时期，人类为了打造出劳动工具，开始使用燧石或比燧石更结实的软玉。很明显，早在公元前好几千年人类就已经开始寻找矿藏了，那时候他们便注意到河沙里闪烁着金子的光泽，有些石块很漂亮或是很沉。

经验是慢慢积累起来的。古埃及人已经知道用来制作蓝色颜料的铜和钴矿分布在哪些地区，后来又了解了可以用含铁的赭石做黏土以及用来做圣甲虫雕像的土耳其玉（土耳其玉雕成的圣甲虫象征复活）。

中世纪的炼金师们也积累了很多自然界的知识，他们在神秘的实验室里试炼金子。他们已经知道，方铅矿和闪锌磷常常在同一处矿脉，银总是和金在一起，铜和砷常在一处被发现。

人们渐渐明白了自然界的简单规律。有些金属往往是同时出现，比如铜、锡和锌，启发人们去制造这些金属的合金——青铜；还有某些地方金子和宝石同时被发现；黏土和长石总聚在一起，可用来制造瓷器。

矿冶业中的元素周期规律

等到欧洲矿冶业发展起来后，地球化学的规律更明显了。在位于萨克

39

森、瑞典和喀尔巴阡山脉的矿坑中建立起了新科学——地球化学。这门科学阐明了哪些元素可以在同一处被发现，在什么条件下，某些元素又在哪种规律的指导下呈现聚集态或分散态。

这些问题都是矿冶业迫切需要解决的问题。现在，我们知道了元素的行为是遵循一定的规律的，我们可以用这些规律勘探矿藏。这类规律，我们日常生活中也知道一些，比如氧气、氮气和几种稀有气体是混合着组成空气的；还知道盐湖或岩盐矿床中氯、溴、碘和钾、钠、镁、钙是以化合态在一起的；花岗岩是一种结晶岩，由熔融的岩浆凝固生成，里面含有固定的几种常见元素和重要的稀有金属钨、铌、钽，而且总是伴随着含硼、铍、锂、氟的宝石；与花岗岩相反的玄武岩里含铬、镍、铜、铁、铂等矿物，岩浆从发源地冲向地面，分散出旁支形成矿脉，矿脉里可以找到锌和铅、金和银、砷和汞。

所以科学越向前发展，地球化学规律便越明显。下面让我们结合门捷列夫表了解一下吧。

门捷列夫元素周期表的中心部分有9种金属：铁、钴、镍、铂、钯、锇、铱、钌、铑。它们埋在地下很深的地方，除非山岭被冲成平原，不然在地下深处蕴藏着的铁和铂的绿色岩层是无法暴露出来的。再看看重金属，它们是铜和锌、银和金、铅和铋、汞和砷，位于表中镍和铂的右方。前面提到过，这些金属总在同一处发现，可以在穿过地壳的矿脉里找到。从表的中线向左看，那儿是金属园地，这里有生成宝石的金属，还有一些稀有元素，它们聚集在花岗岩最后冷凝的部分，也就是伟晶花岗岩中。再看表的最左和最右两方，这两族元素随意结合生成不同的盐。再看看表的上部，是组成空气的主要元素——氮、氧、氢、氦，而锂、铍、硼，包含在好看的宝石里，比如粉红色和绿色的电气石、翠绿色的祖母绿、紫色的锂辉石里。由此可见，门捷列夫元素周期表确实是勘探金属的指南针。

地球展现出的元素周期表

为了证实前面所说的规律性，我们以乌拉尔山脉的主要矿藏为例说明一下。

乌拉尔山脉就是一张横跨着各种岩层的巨大的门捷列夫表。山脉的轴心是比重很大的铂族金属的岩层，相当于表的中心部分；表的两端则是著名的产盐地带索利卡姆斯克和恩巴地区。可以看出，门捷列夫周期表里的元素不是随意排列的，而是根据性质上的相似性来排列的，元素性质越接近，在表里的位置也越接近。

让我们来看一下远古时期的乌拉尔，此处详细地说一说乌拉尔与元素周期表的关系。熔融的岩浆由地底深处上升，里面含有深灰色、黑色、绿色的岩石，有混合着铬、钛、钴、镍的矿石，还夹带着钌、铑、钯等铂族金属。这边是乌拉尔历史的第一阶段。橄榄岩和蛇纹岩像长长的链子向北延伸到北极地带群岛，向南没入哈萨克斯坦羽茅草草原的地下，这些岩石构成了乌拉尔山脉的中坚骨干。这是元素周期表的中心部分。

乌拉尔山脉的悬崖

在熔化的岩浆分散的过程中，比较轻比较容易逸散的物质被分离出来。然后，岩石经过复杂的变化，变成了今天的乌拉尔山脉，在变化的过程中，这座山有过火山活动，等活动快停止时，山脉深处结晶出有光亮的花岗岩。这是一种灰色花岗岩，它贯通着分凝出来的石英造出的白色矿脉，伟晶花岗岩矿脉则分出旁枝，侵入两旁的岩石中。在这样的过程中容易逸散的元素硼、氟、锂、铍和稀土元素聚集了，同时生成了乌拉尔宝石和稀有金属矿石。这在元素周期表中相当于左边的部分。之后的一段时期，乌拉尔地区地底下还是不断有火热的液体在往上升，里面夹带着低熔点、易溶解的锌、铅、铜、锑、砷的化合物，金和银也跟着出来了。这些矿床连成长链位于乌拉尔东部山坡。这一部分体现的便是门捷列夫元素周期表的右边部分。

火山活动最后停止了，地层在横压力的作用下挤起变成乌拉尔山脉，山峰由东向西移动。替岩浆和矿脉液体打开了出口，现在这种横压力没有了。接着是长时间的破坏作用，在上亿年里乌拉尔山脉受到持续破坏，岩层不断受到冲洗。难溶物质保持不动，剩余物质则溶解在水中，被水流带向大海和湖泊。水流在乌拉尔以西汇集成帕尔姆海，后来海水干了，海面便分成了港湾、湖泊和三角港，这些地方的底层便沉积着钠、钾、镁、氯、溴、硼、铷的盐类。这体现的便是门捷列夫表的左方和右方的方格。

在乌拉尔山顶处只剩下了难溶于水的物质。在中生代千百万年的炎热天气里，被破坏的岩石又长成了地壳。地壳里聚集着铁、镍、铬、钴，形成了储藏量丰富的褐铁矿层，为南部地区的炼镍业打下了基础。在受破坏的花岗岩地区造成了石英冲击矿床，里面聚集着金、钨和宝石，这些东西埋在沙里没有变化。

乌拉尔便这样慢慢沉寂下去了，土盖在它的表层上，只有东部的河水不断冲毁长出的小丘，并在河两岸把锰和铁的矿石重新分离出来。

这便是乌拉尔山所代表的地球展现出的元素周期表。

原子分裂
——铀和镭

放射性元素

我们已经知道，地球化学的基础是原子，原子是"不可分的"。那么这种物质粒子到底是什么呢？真的"不可分"吗？118种原子在构造上就一定没有相同之处吗？

物理学和化学对于原子的概念基础一直是原子是不能再分的小球体。所以才能解释每种原子的性质。科学家们虽然猜测过原子有复杂的结构，却没有深入研究过。直到1896年，著名的法国物理学家 贝克勒尔 发现了一种奇特的现象，那就是铀能够放射出一种从未见过的射线。不久之后，居里夫妇发现了新元素——镭，镭的放射情况要比铀的清楚许多。从这时候起人们意识到原子有着非常复杂的结构，在经过居里夫人、约里奥-居里夫妇（玛丽·居里夫人的女儿和女婿），以及其他科学工作者的努力，终于搞清楚了原子结构。我们不但知道了构成原子的是哪些粒子，而且了解了这些粒子的大小和

贝克勒尔（1852~1908年），法国物理学家。因发现天然放射性，因与居里夫妇在放射学方面的深入研究和杰出贡献，共同获得了1903年度诺贝尔物理学奖。

约里奥-居里夫妇是指法国核物理学家夫妇约里奥·居里和他的夫人伊雷娜·约里奥-居里。于1932年发现一种穿透性很强的辐射，后确定为中子；1934年发现人工放射性物质，并对裂变现象进行研究；1935年共获诺贝尔化学奖。伊雷娜·约里奥-居里是皮埃尔和玛丽·居里的女儿。这对夫妇为纪念居里这一伟大的姓氏，采取了双姓合一的方式。

43

重量，它们如何排列，还有是什么样的力量将它们结合了起来。

之前说过，原子的直径虽然只有一亿分之一厘米那么小，但结构却像太阳系那般复杂。原子中心的原子核直径只有原子直径的十万分之一，但原子的质量却几乎集中在这小小的核上。原子核带正电，而且原子越重，带正电的小粒子越多。每种原子的小粒子数正好等于该原子的原子序数。原子核外是电子，电子在离核距离不同的轨道上绕核旋转着。并且，电子个数也等于该原子的原子序数，所以整个原子是呈电中性的。

再说回原子核，原子核是由最简单的两种小粒子组成的，一种就是带正电的小粒子，即质子，另一种是不带电的粒子，也就是中子。质子其实就是氢原子核，中子也是实质的粒子，质量与质子质量差不多。在原子核里，质子与中子结合得很紧密，所以原子核在化学反应中非常稳定，不发生变化。

打开元素周期表，从轻元素看向重元素，我们会发现：

● 轻元素的原子核中含有差不多个数的质子和中子，因为这些元素的原子量大约是原子序数的两倍。

● 重元素的中子数多于质子数，再往后，中子比质子多了许多，这时候原子核就变得不稳定了。

从第81号元素铊起，就存在不稳定同位素了。不稳定的元素原子核会自己分裂，放出大量能量的同时也变成了另一种元素的原子核。从第84号元素钋开始，元素的原子核都是不稳定的，这些元素被称为放射性元素。

放射性是原子自我分裂的一种性质，原子放射后成为别的原子，同时以各种射线的形式放出能量，这样的射线有三种：

●第一种射线是α射线，它是实质的粒子，每个粒子带2个正电荷，每个α粒子的重量是氢原子的4倍，由此可以看出，这种粒子其实是氦原子核。

●第二种射线是β射线，它是一种高速飞射的电子流。

●第三种射线叫γ射线，波长比X射线短。

镭盐放射衰变

我们把1克左右的镭盐放在小玻璃管中，并把管子两头熔化封口，然后开始观察镭盐放射衰变时的现象。

第1步： 如果有可以精密测量温度的仪器，我们就可以看到这个盛镭盐的玻璃管的温度要高于周围环境。这说明在放射衰变，也就是原子核分裂的过程中，会有大量的能量放出。

实验证明，1克镭"衰变"1小时可以放出140 卡 的热，如果让它连续衰变到铅，这个过程差不多要2万年的时间，放出的热大约是290万大卡，相当于半吨煤燃烧发出的热量。

> 卡路里，简称卡，能量单位。指在1个大气压下，将1克水提升1℃所需要的热量。

第2步： 将盛镭盐的玻璃管平放，用小抽气机抽出管里的气体，并将气体输进已准备好的一只已抽去空气的玻璃管中。然后，把这只玻璃管也熔化封口，我们发现这个玻璃管在暗处也会和盛着镭盐的玻璃管一样发出浅绿色或浅蓝色的光。这便是次级放射现象，是由镭产生的另外一种放射性元素氡引起的，氡也是一种稀有气体。

在40天以内玻璃管中的氡含量是不断增加的，之后保持不变。这是因为40天后氡的衰变速度等于产生它的速度。氡的放射性可以用带电的验

电器验证，方法是把盛着氡的玻璃管拿近验电器。射线会把周围的空气变成离子，这样空气就成了导电体，验电器上的电性就失去了。如果每天都做上面的实验，日子一长，就可以看出，盛氡的玻璃管对于带电验电器的作用越来越小。3.8天后，作用力失去一半；（氡的半衰期是3.8天）40天后，玻璃管对验电器一点儿作用都没有了。

如果人为地在这个玻璃管中造出放电现象，再用分光镜观察气体放电时的发光现象，就会发现另一种气体的光谱，这个新出现的气体便是氦。

第3步：把放镭盐的玻璃管保存好多年后再将其取出，然后用灵敏的分析方法看内壁上有没有其他的元素，就会发现空玻璃管中有极少量的铅。1克镭1年的衰变结果是生成4.00×10^{-4}克的铅和172立方毫米的气体氦。

可见，镭的放射过程会接连生成新的放射性元素，一直到生成没有放射性的铅为止。其实镭本身也是由铀开始的一连串衰变当中的一个产物。放射性元素衰变过程中产生的一系列元素，叫作放射系。

现在有4种放射系，包括3个天然放射系和一个人工放射系。

第一个是铀—镭系，原始核是铀238，它共经过14次连续衰变，包括8次发射α粒子的衰变和6次发射β粒子的衰变，最后衰变为不带放射性的稳定核素铅206。居里夫妇所发现的镭及氡都是这个衰变链的中间产物，故也称为铀—镭系。

第二个是铀—锕系，衰变的起始核是铀的一种同位素铀235，共经过11次连续衰变，其中7次α衰变和4次β衰变，终核是稳定核素铅207。

第三个是钍系，起始核是钍212，共经过10次连续衰变，包括6次α衰变和4次β衰变，最后衰变成的终核是稳定核素铅208。

第四个是人工放射系镎系，起始核是钚241，此放射系共经过13次连续衰变，包括8次α衰变和5次β衰变，终核是稳定核素铋209。

放射性元素的衰变

放射性元素的所有原子核都是不稳定的，并且在一定时间内衰变的概率相同。所以，含有成千上万放射性原子的物质，衰变的速度是固定的。科学证明，不管是接近0℃的低温还是上千摄氏度的高温，不论是几千个大气压的压力还是高压放电，任何物理或是化学作用都不会对放射性元素的衰变造成影响。

放射性元素的蜕变速度一般用半衰期T来衡量，也就是全部放射性原子衰变一半所用的时间。很明显，这个时间对于各种不同的放射性元素来说都是不同的，但对于某种放射性原子来说却是一定的。

放射性元素的半衰期差异很大，最不稳定的原子核可能不到一秒钟就变了，但像铀和钍这类的元素却需要好几十亿年。在连续衰变的过程中，下一代的原子核和上一代一样也是不稳定的，也会放射，就这样衰变下去，最后便生成了稳定的原子核。这其实就是放射系的过程。

之前也提到过，放射性元素衰变时会放出大量的热。地球之所以发热，正是因为这巨大的热量。它们还同时放出氦，飞艇和气球里充满的就是氦气，如果从地球的存在之日算起，氦气的数量足有好几亿立方米。衰变作用其实也是一座天然钟表，我们可以根据它算出地球从形成固体到现在有多少年了，还有各种岩石又生成了多久。

那么，怎样利用铀、钍和镭的衰变来测定地质年代呢？让我们来揭晓答案，原理是不论是物理作用还是化学作用，放射性元素的原子还是会以一定的速度衰变。还有，它们衰变后生成了的氦原子和铅原子会随着衰变时间而越来越多。

我们已经知道1年里1克铀或1克钍产出的氦和铅的量，然后再测定出某种矿物里所含铀、钍、氦和铅的量，根据氦对铀和钍，铅对铀和钍的数量比率，就能够算出这种矿物已经存在多少年了。

含有铀和钍原子的矿物就像是一个沙漏，让我们来看看沙漏的构造。它是上下连通的两个容器，上面容器里盛着一定量的沙。开始计时时，将沙漏固定，这样沙就会在重力的作用下，慢慢地从上面的容器掉入下面的容器里。装入的沙子重量，是正好可以让这些沙子经过10分钟或更长的时间完全掉入下面的容器。用沙漏可以测量任何时间间隔，因为沙子是依照固定的速度往下掉的，只要先称好总沙的质量，再称下瓶中沙的质量，就可以知道从开始漏沙到现在已经过去了多长时间。科学家们根据类似于沙漏的计时手法测量地球上存在的矿物，发现有些矿物差不多已有20亿年的历史，这样我们便能看出，我们的地球真的是一颗古老的星球，它的岁数不论怎样都比20亿年大很多啊！

最后，再为大家讲一个现象。不知道大家还记不记得我曾经讲过，从第84号元素起，除了有稳定的同位素，还有不稳定有放射性的同位素。在稳定的原子核中，质子与中子个数有一定比率，但如果比率受到破坏，原子核就会不稳定。如果核里中子数过多，原子就会有放射性。

放射性的威力

科学家们考虑到元素原子核的有放射性的性质，便想利用人类技术改变原子核里质子数与中子数的比率，这样，就能把稳定的原子核变成人造放射性元素。要做到这个需要一些特别的"炮弹"，它不能比原子核大，并且可以带着大量的能量去冲击原子核。

卢瑟福（1871～1937年），英国著名物理学家，被称为"原子核物理学之父"，是继法拉第之后最伟大的实验物理学家。

首先，科学家们想到可以将α粒子作为"炮弹"去破坏氮原子核，英国物理学家 **卢瑟福** 是第一个做成这个实验的人，他于1919年用α射线冲击氮原子核，观察到氮原子核里飞出了质子。

15年后的1934年，法国青年科学家约里奥－居里夫妇利用由钋放射出的α粒子轰击铝，发现在α粒子的轰击下，铝不但放射出含有中子的射线，并且在停止轰击后，还可以在短时间内持续发出β射线。他们对此进行了化学分析，确定这时不是铝原子在进行放射，而是磷原子，磷原子是铝受到α粒子的作用后生成的。就这样，人类制得了第一批人造放射元素，打开了人工放射的大门。

不久后，科学家们决定使用另一种"炮弹"——中子。中子与α粒子相比更容易钻进原子核中，因为α粒子带正电，所以它一接近原子核，立刻会受到原子核的排斥。而中子不带电，原子核不会排斥它，那中子就能比较轻松地钻进原子核内部。科学家们利用中子冲击的方法已经制出了很多不稳定的人造放射性同位素。

1939年人们发现，当带有少量能量的中子轰击元素铀时，铀原子核发生了另一种方式的衰变。这时候的铀原子核分裂成大小差不多的两块，这两块其实是元素周期表中部的两种元素的原子核，是它们不稳定的同位素，这叫对半分裂衰变。一年后，青年物理学家彼得尔扎克和弗廖罗夫发现，在自然界中也有这种衰变，只不过这种衰变比较稀少罢了。有多稀少呢，这么说吧，如果铀是按照普通方式衰变，半衰期是45×10^8年，但若是按照对半分裂的方式衰变，半衰期

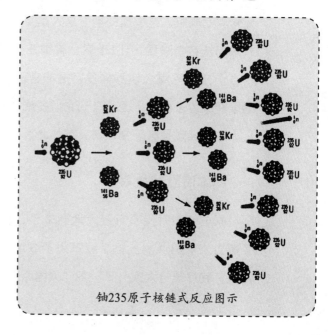

铀235原子核链式反应图示

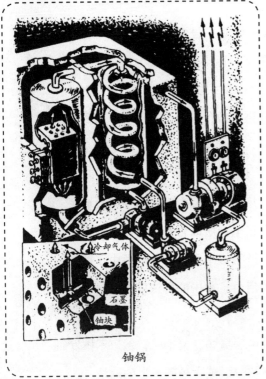

铀锅

则是44×10^{15}年，所以第二种衰变方式的概率是普通衰变的千万分之一，但对半分裂衰变时放出的能量要远远多于普通衰变放出的能量。

1946年，科学证明铀按照新方式放射时，除了会生成不稳定的原子核外，也会生成某种稳定的原子核。也就是说，铀在普通衰变时会生成氦原子，而在对半分裂衰变时则会生成氙原子或氪原子。

用中子轰击铀生成一系列新元素，超铀元素——第93号镎、第94号钚、第95号镅、第96号锔、第97号锫、第98号锎等，它们都在门捷列夫元素周期表中。最有趣的地方是人类可以调节对半分裂衰变的速度，如果大大加快这个过程，让1千克金属铀在一瞬间完全衰变，那它放出的热量相当于2000吨煤燃烧那样多，是非常惊人的大爆炸。爆炸之后的裂块会继续释放能量寻求平衡，直到它们变成比较稳定和缓慢衰变的金属原子为止。这其实就是原子弹为何会有如此大破坏力的原因。

奥本海默的故事

原子能的时代不可避免地到来了，虽然发展到今天，我们人类拥有了威力空前的武器。但是我不想多歌颂它，不想宣扬我们人类是多么的伟大，我只想给大家分享一下"美国原子弹之父"——奥本海默的故事。

1939年9月，第二次世界大战在欧洲爆发了，情报也显示德国已经在科学家海森堡的主持下进行着原子弹的研究。美国罗斯福总统下达总动员令，开始了最高机密的曼哈顿计划，目标是赶在德国之前制造出原子弹。计划主持人是雷斯理·格劳维斯少将，格劳维斯选定奥本海默为发展原子弹计划主任。众多科学家，包括以和平主义者著称的爱因斯坦在其中起到了推动作用。他们的动机，主要是由于纳粹德国对这种武器的加紧研制严重威胁着整个人类文明，但也并不排除奥本海默曾提及的其他原因，如为了早日结束战争，以及对于原子科学的技术应用的好奇和冒险意识等。

然而，要把原子核裂变所提供的理论上的可能性，真正变成军事上可靠易行的原子武器，其间所需克服的理论、方法、材料，直到技术工艺上的种种难题，无疑是对于人类才智的极大挑战。

1942年8月，奥本海默被任命为研制原子弹的"曼哈顿计划"的实验室主任，在新墨西哥州沙漠建立洛斯阿拉莫斯实验室。3年后，洛斯阿拉莫斯实验室成功地制造了第一批原子弹，随后在阿拉摩高德沙漠上空引爆，并发出耀目闪光及冒起巨型蘑菇状云。

1945年8月6日上午8时15分17秒，美国空军朝日本广岛投下了第一枚原子弹。当原子弹爆炸时，奥本海默想到了古印度《摩诃婆罗多经》中的《福者之歌》：

漫天奇光异彩，犹如圣灵逞威，只有千只太阳，始能与它争辉。

奥本海默领导着整个团队完成了这场杜鲁门所盛赞的"一项历史上前所未有的大规模有组织的科学奇迹"，从而

不仅验证了科学技术的巨大威力，为尽早结束战争做出了贡献，也为自己赢得了崇高的声誉，成了举国上下人所共知的英雄。他被人们誉为"原子弹之父"。但是，面对这至高无上的荣誉，他却说："我感觉我的双手沾满了鲜血。"

所以在奥本海默担任了原子能委员会主席后，他怀着对于原子弹危害的深刻认识和内疚，怀着对于美苏之间将展开核军备竞赛的预见和担忧，怀着坚持人类基本价值的良知和对未来负责的社会责任感，和爱因斯坦满腔热情地致力于通过联合国来实行原子能的国际控制和和平利用，主张与包括苏联在内的各大国交流核科学情报达到核弹知识技术透明化，并反对美国率先制造氢弹。现在，国与国之间之所以没有出现过于强盛的大国霸权，奥本海默居功至伟。

奥本海默一生中所追求的是什么呢？他曾经在一次演讲中这么说："在工作和生活中，我们应互相扶持并帮助一切人……我们应该保持我们美好的感情和创造美好感情的能力，并在那遥远的不可理解的陌生的地方找到这个美好的感情。"

时间与原子

地球的年龄

还有比时间更简单又更复杂的概念吗？

有一句老话说得好："世界上再也没有比时间更奇妙、更复杂、更难克服的东西。"在公元前4世纪时，古代最伟大的哲学家之一亚里士多德说，时间是我们周围自然界里一切莫名其妙的事物当中最莫名其妙的，因为谁也不知道时间是什么，谁也控制不了时间。文化的胚芽刚刚萌发出来时，人类就有了时间的开始和世界末日的思想。他们在想，周围的一切是如何创造出来的，地球、行星和其他星体存在多久了，天空中的太阳还能发光到什么时候。按古代波斯人的说法，世界才存在了1.2万年；巴比伦星占学家则通过推算，说世界已经有200多万年了；而《圣经》则认为，上帝通过6天6夜的劳动创造了世界，从那时候算起世界只不过才有6000年的历史。几千年来，人们不停地想着时间的问题，并渐渐地开始使用比古代星占学家的算法更精确的方法来计算地球的年龄。第一个计算地球年龄的是天文学家 伽利略 ，之后是 开尔文 ，他于1862年依据地球冷却学说，从地球冷却的时候算起，得到地球的年龄是4000万年，这在当时来看是非常大的数字了。

> 伽利略（1564～1642年），伟大的意大利物理学家和天文学家，科学革命的先驱。在科学实验的基础上融会贯通了数学、物理学和天文学三门知识，捍卫和验证了哥白尼的日心说，为此受到天主教会的迫害。
>
> 威廉·汤姆逊（1824～1907年），因在科学上的成就和对大西洋电缆工程的贡献，获英女皇授予开尔文勋爵衔，后世改称他为开尔文。

后来采用地质学方法来计算地球年龄。英国、美国和俄国等国家的地质学家考虑到地球的沉积岩层厚度是100多千米，于是决定通过计算生成这么厚的岩层需要多长时间来估计地球的年龄。每年河流从大陆上会冲走不少于1000万吨的物质，也就是说我们的陆地表层每25年平均降低1米。地质学家通过研究流水和冰川的作用，研究陆地、海洋的沉积物和带状冰川黏土，得出结论：地壳的历史远远超过4000万年。1899年英国地球物理学家约翰·乔利算出了地球年龄，他认为地球已经有3亿岁了。

但是物理学家和化学家，甚至是地质学家都不满意这个结果。因为像约翰·乔利想象的那种陆地的破坏作用在现实中是不可能顺利进行的。火山爆发、地震、隆起的山岳和陆地沉积是交替或同时发生的。先前沉积好

53

的土壤可能不久后就会被熔化或冲走。所以，科学家们想通过一个真正可靠的钟表来测定时间，测定地球的年龄。于是化学家和物理学家接替地质学家寻找解决办法。最后，他们发现有一种永恒转动的钟表，这种钟表不是人造的，没有发条更不用人去充电。它就是——放射性元素。

永恒转动的"钟表"

全世界都充满着正在衰变的原子。铀、钍、镭和另外几十种原子进行着不明显但长时间的衰变，并且衰变的速度不受物理作用或化学作用的影响，一直保持恒定的速度。虽然，现在可以用有强大破坏力的仪器向原子核轰击，改变它的衰变速度。但是在自然界中没有那种力量，所以元素的衰变速度不会改变。

不论何时何地，在我们周围世界的任何角落，铀、镭、钍的原子都在进行着衰变，同时产生一定量的气体氦原子和稳定的铅原子。科学家所用的新"钟表"便是自然界中的氦与铅这两种元素。人类从此有了可以测量时间的、永恒转动的、真正达到全世界标准的仪器了！

宇宙中充满着好几百种原子的复杂的电磁系统，这是多么绚烂和令人惊异的景象。这些原子做出飞跃式的改变从一种原子变成另一种原子，同时放出能量。生成的有些原子很顽强，仿佛不会再起变化，这只是因为它们变化需要太长时间，以至我们没法观察；另一些原子可以存在几十亿年，经历着一连串复杂的衰变，并慢慢放出能量；再有一些原子只有几年、几天或几小时的存在时间；最后还有一些原子的寿命只有几秒，甚至有的不到一秒……

宇宙缓慢永恒地变化着。很快衰变的重原子会消失，另一些原子在 α 射线的作用下发生衰变，生成一些比较稳定可以用来构成宇宙的基石——原子，衰变到最后的非放射性原子就逐渐积累起来。我们知道太阳上几乎全部的元素都是不受 α 射线作用的。90%的地球上的元素，它们原子中的电子个数是偶数或是4的倍数。换言之，这些元素能抵抗住 γ 射线和宇宙射线的破坏。

这些最稳定、构造简单而紧密的元素构成了周围的无机世界；不太稳定的元素则通过它们的衰变帮助了有机物的生成；特别不稳定的元素破坏自己的同时也会损害有机体。有些星体正在衰变，例如太阳，它已经相当成熟了；星云衰变刚刚开始；还有另一些昏暗无光的天体，衰变已经快要结束了，近乎熄灭。时间决定着宇宙中各种元素的含量分布和搭配关系。

铀钟表

物理学家和化学家们计算过，1千克铀经过1亿年可以产生13克铅和2克氦气。我们推算下去：假如是经过了1000亿年而不是40亿年，那时候的铀估计已经衰变完了，只存留下铅和氦气。有了这些依据，地球化学家和物理学家便为地球的地质演变史排出了年表。

使用铀钟表，科学家们算出了地球年龄大约在三四十亿年以上，也就是说在三四十亿年之前，太阳系各行星就已经从混沌中分离出来，有了自己的历史。20多亿年前地球就有了固体地壳——这

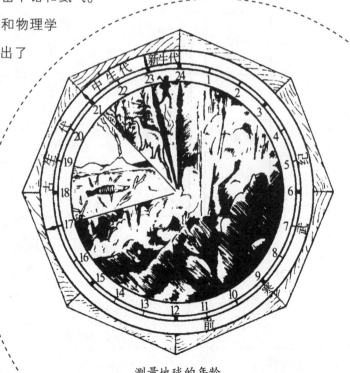

测量地球的年龄

地球的年龄

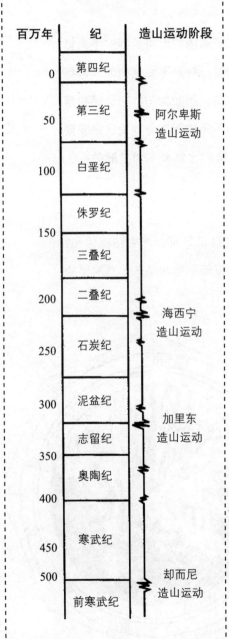

百万年	纪	造山运动阶段
0	第四纪	
50	第三纪	阿尔卑斯造山运动
100	白垩纪	
150	侏罗纪	
	三叠纪	
200	二叠纪	海西宁造山运动
250	石炭纪	
300	泥盆纪	
	志留纪	加里东造山运动
350	奥陶纪	
400	寒武纪	
450		
500	前寒武纪	却而尼造山运动

是地球史上很重要的一个环节，从那儿便开始了地质史。从地球有生物开始，到现在已经超过10亿年了。在大约5亿年前，圣彼得堡附近就开始沉积出有名的寒武纪蓝色黏土层。

地质历史上的第一个阶段占了整个历史的 $\frac{3}{4}$，在这个阶段中，大量熔融物质多次由地底冲向地面，破坏了地表已长好的固体薄膜。高温气体和溶液渗透进去，地壳发生褶皱隆起变成山脉。卡累利阿的别洛莫里德、加拿大曼尼托巴州的年代最久的花岗岩都属于地球上最古老的山脉。这几处山脉有接近17亿年的历史。

接下来，有机世界开始发展。我们可以从"地球的年龄"这张表中看到各个地质时代的时间：

● 大约5亿年前，加里东大山脉于欧洲北部隆起；2亿～3亿年前，地壳的运动造出了天山山脉和乌拉尔山脉；2500万～5000万之间又出现了阿尔卑斯山脉，同时高加索火山最后一次爆发后熄灭了，在此期间地面上还隆起了喜马拉雅山脉。

•之后便是史前时代了：100万年前冰川时代开始；80万年前出现了人类；2.5万年前，冰川时代的最后一期结束了；公元前10000～前8000年有了 古埃及 文化和 古巴比伦 文化。

古埃及是四大文明古国之一（古巴比伦、古埃及、古印度、华夏），形成于公元前4000年左右，终止于公元前30年罗马征服埃及托勒密王朝。

古巴比伦是四大文明古国之一，形成于公元前3500年左右，直到公元前729年古巴比伦王国被亚述帝国吞并。

科学家还会继续修正他们的钟表。以后，地质学家可以很快地说出一块石头的年龄。

时间之下，原子都不是永恒的了。一切都在运动，一切都在变化！

Chapter 2
化学元素在
地球上的旅程

硅——地壳的基础

硅与硅的矿物

俄国诗人 **茹科夫斯基** 曾写过一首叙事诗，说的是有个外国人跑到了荷兰的阿姆斯特丹，看到许多商店、房子、船只，他便好奇地问路人，这些分别是谁的财产啊，大家的回答却都是同样的："康·尼特·富士汤。"

茹科夫斯基（1783～1852年），俄国诗人。

外国人非常惊奇，自言自语道："他真富有啊！"他所不知道的是，"康·尼特·富士汤"这句荷兰话的意思是"你在说什么？"

如果有人向我讲起石英，我可能就会像上面那个外国人一样迷惑了。我曾经看过各种东西：太阳光下像小溪般清澈透明的球体、多彩的玛瑙、亮晶晶闪耀的蛋白石、海边纯净的沙石、由熔融石英做成的细丝或容器、美丽绚烂的水晶、神秘奇妙的碧石、可以做成燧石的木化石、原始人类粗糙加工的箭头，所有的这些东西，不管我怎么问，人们总是给我同样的答案：这些东西的本质都是石英或在成分上与石英近似的矿物，而石英与这些矿物都是硅元素与氧元素的化合物。

硅的元素符号是Si，是自然界中除了氧元素外分布最广的元素。人们在自然界中从未发现单质硅，因为它总是与氧化合生成SiO_2，这叫二氧化硅，也叫硅石（俄文中硅与燧石发音相似）。日常生活中提起"硅"，大家就会想到燧石。

很多人对燧石这种矿物很熟悉——坚硬，用铁敲打可以冒出火星，野外可以用它取火，还能将其放入燧发枪中点燃火药。但是燧石这种矿物其实并不是化学家说的硅，而是一种硅质岩石。

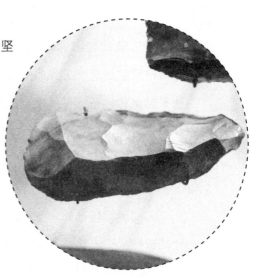

至于硅，则是一种很神奇的元素，不仅在自然界中分布广泛，也是工业上的重要原料。

硅与硅石

花岗岩中大约80%是硅石，而且很多坚硬岩石的主要成分也均为硅的化合物。黏土的主要成分是硅，河岸上的细沙、厚层的砂岩和页岩，也是由硅构成的。因此，科学家说"地壳重量的30%是硅，地面向下16千米大约65%是硅石"，没有什么奇怪的。硅石其实就是平常大家所说的石英。

目前来看，天然硅石有200多种，地质学家和矿物学家要想列举出这些变种需要几百个名字。

如果提到燧石、石英和水晶，就会讲到二氧化硅；如果去分析紫水晶、蛋白石、光玉髓、黑色缟玛瑙、灰色玉髓、碧石或是普通沙粒的成分，也会讲到二氧化硅。多种多样的硅石名称繁杂。

别忘了，自然界中还有除了二氧化硅之外的其他的硅化合物，它

们是由二氧化硅与金属化合的。这样生成的矿物有好几千种，叫作硅酸盐。硅酸盐是建筑工业的原料和日常生活中的必需品，硅酸盐中最重要的便是黏土和长石，可用来制造玻璃、瓷器和陶器，还有在建筑中发挥巨大作用的混凝土。

动植物体中的硅

人们运用自己的才智将二氧化硅应用于技术层面，但是自然界对其的使用远远早于人类。大自然将二氧化硅与动植物结合了起来。如果一个地方的土壤中含有较多的二氧化硅，那么生长于这片土地的植物肯定有结实的茎和穗。结实的茎不仅对自身有好处，还可以保护土地。

人类从自然中学习到硅与植物的关系并将其应用在生活中。比如，航空公司每天都要装运很多花或其他观赏植物，为了防止花瓣皱缩保持茎秆挺直，就会在花盆的土壤中撒上易溶的硅酸盐。不仅是有长茎的植物需要硅和硅的化合物来保持挺直，极小的植物硅藻也是需要二氧化硅来构筑其骨架的。现在已经知道，由硅藻骨架造成的1立方厘米岩层，大约需要500万株硅藻。

不仅仅是植物需要二氧化硅构筑自身骨架，动物也需要硅石来制造自己的躯壳。有一种叫放射虫的小动物就是用细小的针状二氧化硅构成了它独特的躯壳。在动物发展的不同阶段，躯壳的原料是用不同方法解决的。

放射虫

有的采用石灰质的贝壳来保护自己的躯体，有的使用磷酸钙来制贝壳。除了贝壳，还有支撑起身体的骨架。构成骨架的物质有很多种，有构成人体骨骼

海绵的硅质躯壳

的磷酸钙；有针状的硫酸锶和硫酸钡；还有就是结实的二氧化硅。有几种海绵，它们躯体上坚硬的部分就是由二氧化硅形成的针骨。

硅的化合物为什么如此坚固

为什么动植物的外壳，千百种矿物和岩石，还有技术和工业上非常精巧的制品里，一旦含有硅元素就会表现出极强的硬度？X射线技术帮助我们看到了含硅物质的本质结构，揭开了这个谜题的谜底。当硅元素生成带电硅离子时，离子直径只有25000万分之一厘米，这些带电离子球与氧离子球结合。但是由于氧离子体积大于硅离子，所以最后每个硅离子球的四周都会围绕着4个氧离子球，这4个氧离子球相互接触形成四面体。所有四面体按照不同方式组合，形成了巨大的复杂结构，压缩或弯曲这种结构是非常困难的。而且要想将氧离子与硅离子分开，则更是艰难。科学研究可知，硅氧四面体的结合方式多达几千种。有时在硅氧之间还有其他的带电粒子；有时四面体结合成片状或带状，形成黏土和滑石。但是不论什么方式，结构基础永远是四面体。

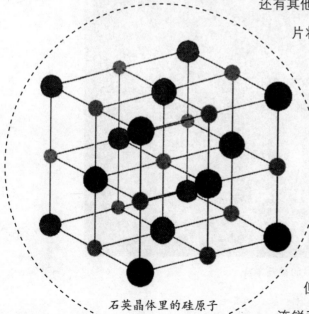

石英晶体里的硅原子

在有机化学中，碳和氢两种化学元素可以生成几十万种化合物，同样，无机化学中硅和氧也能有几千种结构。X射线发现这些结构是非常复杂的。二氧化硅不但很难通过机械方法破坏，甚至连锐利的钢刀都切不开它。它的化学性质非常稳定，除了氢氟酸，其他酸不可能侵蚀或溶解它。只有强碱可以略微溶解一点。二氧化硅很难熔融，在温度高达1600℃～1700℃时，二氧化硅才开始变成液体。

总而言之，二氧化硅和硅的各种化合物这么稳定，能够构成无机世界的基础就没什么奇怪的了。

硅在地壳中的历史

现在，我们来研究一下地壳里硅的命运。地壳深处熔融的岩浆中含有硅和各种金属元素。熔融岩浆在地下深处凝结，就会生成结晶岩体——花岗岩、辉长岩。假如冒出地面，就会变成玄武岩等其他岩石，硅酸盐类便是这样形成的。如果硅含量过多，还会出现纯粹的石英。

你看，这是花岗斑岩里短小的石英晶体，这是地下深处岩浆最后冷凝的成分——伟晶花岗岩矿脉中的致密烟晶。烟晶也被称作"烟黄玉"，需要小心焙烧烟晶颗粒，或是将其加热至300℃～400℃。这样可以生成"金黄玉"，金黄玉可以做成胸针之类的饰品。

石英矿脉中充满了洁白的石英。我们知道，有些矿脉有好几百千米长，有的大矿脉则像灯塔一般矗立在乌拉尔山坡上。矿脉中的那些纯净透明的石英就是水晶。早在古希腊时期，亚里士多德就曾提起过水晶，他给水晶起名叫"晶体"，他认为水晶是冰的化石。这种水晶，在17世纪时从瑞士的阿尔卑斯山的天然"地窖"中开采出来过，那时候开采出的水晶多达500吨。有时候，水晶可以长得很大。曾有一块产自缅甸的巨大透明水晶球，直径有一米多长，大约一吨半重。

亚里士多德（公元前384～公元前322年），古代先哲，古希腊人，世界古代史上伟大的哲学家、科学家和教育家，堪称希腊哲学的集大成者。

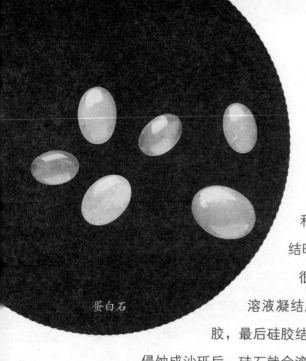

蛋白石

还有另外一种硅石，它看起来不像我们讲过的那种，而是从熔岩中沉淀出来的，那时地下岩浆由于地壳的变动而大量喷出，熔岩冷却时，蒸汽和其他气体形成气泡。气泡在岩石冻结时被封起来而形成许多洞孔。

很久以后，洞孔浸入含有二氧化硅的溶液凝结成硅胶。含铁岩石的可熔成分进入硅胶，最后硅胶结晶为玛瑙。等到包裹着玛瑙的岩层被侵蚀成沙砾后，硅石就会滚落出来。将这种硅石打碎成块，切成薄片，做成成层玛瑙，这种玛瑙可以用于制作钟表和精密仪器的"钻"，做成天平棱柱，还有实验专用的研钵。有时，火山活动停止后，喷出物已经凝结，硅石便随着温泉一起涌出，冰岛和美国的黄石公园里便有这种普通的蛋白石。

让我们来对比一下波罗的海和北海海滨雪白的沙丘与中亚和哈萨克斯坦数百万平方千米的沙漠，同样是石英质的沙子，有些沙子包裹着一层红色的氧化铁，有些则包含着较多的黑色燧石，还有的则被海浪冲打得纯白洁净。所以，正是沙子决定了沙漠和海岸的性质。

还有更新奇的东西呢，有一种颜色可以变幻、闪着光亮的石头，非常像猫科动物的眼珠；还有一种红褐色针状矿物，叫作金红石，这些晶体乱七八糟地穿过水晶晶体，就像"丘比特之箭"；还有被称为"维纳斯的头发"的矿物——发晶，它在强光照射下会呈现出内部发丝金光闪闪的景象。

还有一种令人难以置信的可以弯曲的岩石管子，叫作闪电熔岩。它是由石英颗粒在闪电的作用下熔成的。闪电熔岩长可达数米，外形像树根，颜色有黑色、绿色、白色等多种颜色。内部光滑，可能有小气泡，外部多为粗糙的沙粒。闪电是一种新的岩石成因。科学家说，雷雨天气时，云层携带的电荷与地面上的一种电荷相遇，即可能形成"落地雷"。当"落地雷"击中沙丘或砂岩，会瞬间产生数千度的高温，将其中的相对良导体石英等进行有序的熔化、汽化。被熔蚀后，雨水又对其进行快速淬火冷却，从而形成玻璃质与新生矿物的混合体，这种混合岩石体就是闪电熔岩。

硅和石英对文化与技术的影响

前面几节中我为大家描述了石英、硅石与硅酸盐的复杂经历。从炽热的地球内部到寒冷的地表，从一望无际的大海到雄伟苍茫的沙漠，我们随处都可以遇到硅，到处都是石英，它确实是世界上分布最广的矿物之一。

关于石英，我本来想只讲到这儿，但是它悠久的历史让我不得不多说一些。石英对文化与技术的历史有很深远的影响。比如，原始人类是通过燧石或碧石制造工具；埃及也是用石英来装饰建筑物；**美索不达米亚**残存的苏美尔文化遗物里也有石英的踪影；当然还有中国，约在公元前1000年，中国人制造出了透明玻璃。还有水晶，人类与水晶的故事从很早之前就

> 美索不达米亚文明是世界最早的文明之一，发源于底格里斯河和幼发拉底河之间的流域——苏美尔地区。苏美尔人被认为是两河流域早期文化的创造者。

开始了。据研究可得，人们早在5500年前就知道磨制水晶。对于它，人们想到了许多奇幻的故事，比如古希腊人在几百年的时间中一直认为水晶是由冰变来的，是神的意志让冰变成了石头。开始时，人们只是用水晶做工艺品。比如，陈列在维也纳艺术博物馆中的水晶笛子，保存于莫斯科武器库博物馆的俄国式透明水壶。直到15世纪中叶，水晶加工业出现。人们开始加工水晶，将其锯开、研磨、上色。再之后，为了满足现代工业和无线

电技术的要求，比如无线电需要压电水晶片检测超声波等，水晶工业有了较人的规模，水晶也成为现代工业最重要的原料之一。

化学方面，化学家们需要纯水晶。纯水晶的制作过程是这样的：在大桶中装满液体玻璃，高温高压条件下把银丝伸入桶中，使水晶晶体结晶在细银丝上。生活中，紫外线无法透过普通的窗玻璃，但是人造水晶制成的玻璃可以透过紫外线。硅石不但构成了微小放射虫的躯壳，还可以变成人类衣服的材料，结实耐用……科学家们把硅原子研究得越透彻，对于其的利用就会更全面深入，相信我们还会接着为硅的历史再添华章！

碳——生命的基础

碳的分布

朋友们，你们没有谁不知道昂贵的金刚石、灰色石墨和黑色煤炭吧？这3种东西虽然看上去一点儿都不像，却是由同一种化学元素——碳构成的。碳虽然只占地壳总重量的1%，但它在整个地球中起着重要的作用，可以这么说：没有碳便没有生命。

碳在地壳中的总含量是约4583万亿吨。左图是各部分地壳中碳的分布量。

地壳中碳的分布量

在活的物质里	7000亿吨
在土壤里	4000亿吨
在泥炭里	1200亿吨
在褐煤里	21000亿吨
在烟煤里	32000亿吨
在无烟煤里	6000亿吨
在沉积岩里	45760000亿吨

除此之外，大气中还有22000亿吨碳，海洋中有1840000亿吨碳。

碳的历史

有生命的物质都含碳，让我们来认识一下碳的历史吧。

先从碳在地壳中的经历说起。以之前的研究来看，碳开始时是存在于熔化的岩浆中。这种岩浆在地底和岩脉中凝成各种岩石，在这些岩石中碳有时候聚集成片状或球状石墨，有时会生成昂贵的金刚石。但大部分碳在凝固过程中跑掉了，有的以碳化物或烃类的形式从岩脉中升上来，有的与氧化合成二氧化碳升到空中。

北爱尔兰巨人堤道，6000万年前太古时代火山喷发后熔岩冷却凝固而形成。

我们知道，地下深处的硅酸是不能将二氧化碳变成碳酸盐的，因为在我们已知的各种火成岩中，没有一种重要矿物含有二氧化碳。火成岩只能把二氧化碳困在岩石空隙中。留在空隙中的二氧化碳含量很多，是大气含量的5～6倍。不仅是活火山地区，甚至是在早已熄灭的死火山地区，地下也常有二氧化碳喷出地面，或是与水混合变成碳酸矿泉。这种矿泉可以用来治病，所以常常有疗养院或水疗院开设在矿泉附近，比如高加索地区。二氧化碳在这种水中是过饱和的，所以经常有二氧化碳气泡冒出来，让人看了以为是水在沸腾。

如果你到乌拉尔，你是找不到这种碳酸矿泉的。因为乌拉尔山脉的隆起时间早于高加索山脉，所以乌拉尔山脉形成时地底下的岩石早已凝固了。至于高加索山脉，它的地底深处还保留着热源，热源附近的岩石，比

干冰

如白垩岩和石灰岩，都含有二氧化碳。这些岩石在热力作用下会部分分解，从而释放出二氧化碳，二氧化碳遇见矿水后便会溶于水中形成碳酸矿泉，矿泉则会顺着地层裂缝涌向地面。

还有一种情况是地底压力太大，二氧化碳气流喷出速度很快，以至于气流会在喷口四周生成云雾般的固态二氧化碳。这种固态二氧化碳也叫干冰，可以用于工业生产。

地质史上存在这样的时代，那时候火山运动剧烈，大量二氧化碳被喷出。哪怕现在，活火山爆发依然是喷出大量二氧化碳，比如维苏威火山、埃特纳火山、阿拉斯加的卡特迈火山等。二氧化碳被喷出后参与了许多化学变化，比如可以腐蚀金属，可以与钙和镁化合生成石灰岩和白云岩，可以进入江河湖海参与构建生物外壳，珊瑚虫的躯体成分就是碳酸盐。我们不可能把二氧化碳参与的所有变化都讲出来，那太繁杂了。我只能说，碳不但可以影响地面上的气候，还对整个生物界的进化过程有着举足轻重的影响。

碳与生命体

试想一下，如果地球上没有碳会变成怎样的景象。没有树木，没有绿叶，甚至苔藓也没有。植物没有了，当然动物也不会存在。地球只剩下了岩石，那些光秃秃的峭壁、无言的石头矗立在沙漠和荒地上。地球上只有黄色和黑色，再也看不到其他的色彩。由于大气中的二氧化碳是可以帮助吸收太阳能的，所以没有了碳，地球温度就会降低。总而言之，地球将是一个寂静荒凉寒冷的世界。

碳的化学性质很特别，只有它可以与氧、氢、氮和其他元素生成无限多的化合物。碳所生成的这类化合物被称为有机化合物。而这些有机化合物又可以生成大量复杂的蛋白质、脂肪、糖类、维生素等生物体细胞与组织需要的物质。

其实，人类是先从动植物体组织中析出了糖和淀粉一类的物质后才认识到有机化合物的，后来人们也探索出制得这些有机物的方法。研究有机化合物的组成、结构、性质、制备方法与应用的科学被称为有机化学。已知的有机化合物近8000万种，而无机化合物目前只发现了数十万种。这么一比较，很容易可以看出有机化合物远远多于无机化合物。

由于碳能够形成这么多的化合物，结果就出现了各式各样数目庞大的动植物种类，然而，这并不是说碳就是有机生命体的主要成分。其实碳只占活体物质质量的10%左右，大部分质量是由水贡献的，水占了大约80%。

碳参与构建了生命体，既然生命体可以摄取养料、发育和繁殖，那么说明碳也参与了这些生命活动。比如，春天池塘水面上会长出一层绿色的水藻，到夏天时水藻会更加茂盛，然而到了秋天，这些水藻就会变成暗黄色沉在水底，成为淤泥。这其中含碳的有机物也随之经历了生长与衰老死亡。

还有最日常的活动——动植物的呼吸也有碳的身影。大家都知道，呼吸时吸进去的是氧气，呼出来的便是二氧化碳。那么人能呼出多少二氧化碳呢？人的肺泡总面积有大约50平方米，平均每昼夜可以呼出1.3千克二氧化碳。综合一下全世界的人口数，那么每年人类呼到大气中的二氧化碳便有几十亿吨。

除了生物呼吸产生的二氧化碳，地底下还有更大量的与金属化合的二氧化碳，也就是那些石灰岩、白垩岩、大理岩等矿物，这些岩层厚达几百米甚至几千米。如果我们把岩石中的碳酸镁和碳酸钙分解掉，那么释放出来的二氧化碳就会上升到空气中，使二氧化碳的含量比当前的含量多2.5万倍。

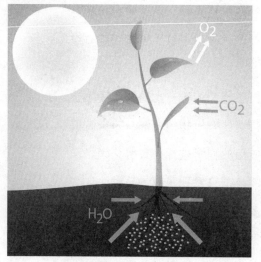

光合作用

植物不仅会呼出二氧化碳，还会吸收二氧化碳。它对二氧化碳的吸收是二氧化碳进入生命循环的第一步。只有绿色植物和某些细菌，可以在光的照射下捕捉到二氧化碳，然后在细胞中完成一系列反应生成糖类，放出氧气，这个作用被称为光合作用。绿色植物能够捕捉到二氧化碳是因为它的细胞内含有一种叫作叶绿素的物质。早在1771年就有科学家发现植物可以更新空气，拉开了研究光合作用的帷幕。直到20世纪30年代美国科学家鲁宾卡门利用同位素标记法搞清楚了光合作用的整个过程。因为有光合作用，所以世界上的二氧化碳不会越来越多。植物会不断地把空气中的二氧化碳带走，而所有生物又不断产生二氧化碳，所以整个自然界的二氧化碳可以维持在一个动态平衡的状态。

光合作用产生的那些糖类物质，保证了植物的生长发育。然后，动物会以植物为食，所以那些糖类又转化到动物身上。再考虑到石油和煤其实也是由腐烂的生物体得来的，那就能清楚地看到植物吸收二氧化碳的光合作用过程对整个生物圈乃至地球是多么重要了。

碳的应用

再来接着说，生物衰老死亡后碳的旅程。生物的生命结束后，生物体组织会慢慢地沉积在池塘、湖沼和海洋的底部，它们在水的作用下逐渐发酵腐烂，微生物会分解掉那些有机物，然后沉积成木炭。如果残余生物体埋在厚重的黏土下，黏土中的微生物也会将其分解掉，只是要比在水中慢

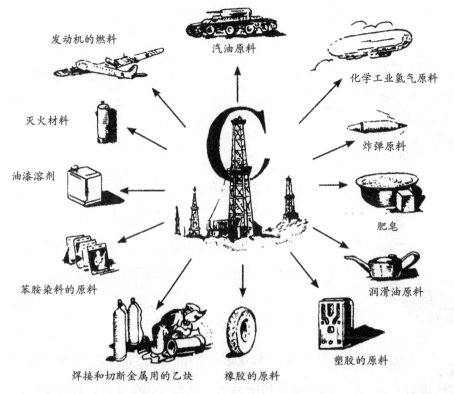

发动机的燃料

汽油原料

化学工业氢气原料

灭火材料

炸弹原料

油漆溶剂

肥皂

苯胺染料的原料

润滑油原料

焊接和切断金属用的乙炔

橡胶的原料

塑胶的原料

石油在各种生产上的应用

一些罢了。这些在黏土或海洋中的生物体，在热和压力的作用下，经过复杂的化学变化，会逐渐变成煤或石油。

由植物机体变成的煤有3种，分别是无烟煤、烟煤和褐煤。无烟煤中含碳量最多，通过显微镜观察，可以看到这些煤是成层的，并且层与层之间还能看到有叶子、孢子和种子的痕迹。每一块煤其实就是二氧化碳里的碳，而二氧化碳最初是由植物在光能和叶绿素的作用下吸收到细胞中的。简而言之，煤其实就是"被捕捉到的太阳光线"。所以燃烧煤可以得到热能，带动机器，促进现代工业的发展。植物体主要是变成煤，而另一些简单的植物体和孢子则变成了液态的燃料——石油。

当然，石油也是"被捕捉到的太阳光线"，但是它比煤更有价值。船

天然金刚石的原来形状

只、飞机和汽车都要用汽油做燃料。而汽油是由石油分馏及重质馏分裂化制得的。为了找到石油，人们需要钻凿几千米深的油井，而从地底油井中取出的这种珍贵液体便被称为"地球的黑血"。从地面上看，油井是一个复杂的建筑物，有三四十米高。油井架像森林一样矗立着，从远处看非常壮观。

人类为了自身的生存和发展，将这些碳元素从地底或海洋中开采出来，然后进行燃烧，使含碳的有机物变回二氧化碳和水。就这样，人与自然不断地进行着拉锯战。人使碳氧化，而自然又让二氧化碳还原。

金刚石与石墨

前面已经说过，纯净的碳除了以煤的方式存在，还有两种物质形式——金刚石与石墨。金刚石很昂贵，透明有光泽，而石墨却是灰色普通的东西，可以用来写字。就是这么两种看上去完全不同的东西却有相同的成分。它们的性质之所以完全不同，是因为晶体中碳原子的排列方式不同。

金刚石晶体中碳原子排列得非常紧凑，所以比重很大，硬度也比其他矿物的大。除此之外它的折光率也很高。熔化的岩石在30个大气压下才能结晶出金刚石，甚至有时候压力高达6万个大气压。这么大的压力只有在地下60~100千米的深处存在，这样的深度导致岩石很难钻出地面，所以这就是为什么金刚石如此稀少的原因。

金刚石硬度大、折光率高，所以它的价值很高。雕琢过的金刚石就是钻石，因此金刚石在宝石中位列第一。自古以来，印度就以出产金刚石著名，那里的金刚石是从沙里采集出来的。之后，巴西（1727年）、非洲（1867年）和俄罗斯也陆续发现了产金刚石的沙地。

现在，非洲是全世界产金刚石最多的地方，主要集中在奥兰治河右岸的支流瓦尔河流域。最初，人们是在瓦尔河河谷的沙地中开采金刚石，不久后发现离河很远的山坡上有一种蓝色黏土，这种黏土里也有金刚石。所以人们把目光转向了蓝色黏土，"金刚石狂热病"开始。非常多的人抢着购买3米×3米的一块块蓝色黏土区，导致那里的地价突然高涨好几百万倍。买到地的人把地面挖出巨大的深坑，从坑底到地面架设出很多线路，人们像蚂蚁似的忙碌着把开出来的珍贵黏土往上运，再从运出的黏土中采出金刚石。但是黏土层没那么厚，因此人们很快就将黏土挖尽了。

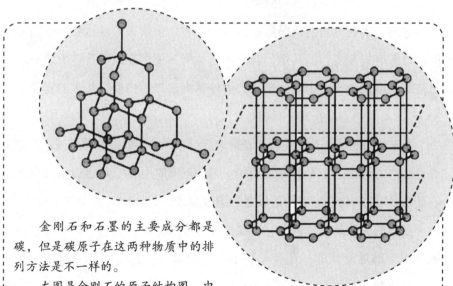

金刚石和石墨的主要成分都是碳，但是碳原子在这两种物质中的排列方法是不一样的。

左图是金刚石的原子结构图，中心的碳原子周围有4个碳原子，这4个碳原子与中心的碳原子保持相等的距离。

右图是石墨的原子结构图，它的碳原子排列是成层的，而且层与层之间结合得并不紧密。

再往下是一种绿色的坚硬岩层——角砾云母橄榄岩。虽然这种岩石里也有金刚石，但是开采出来非常困难，代价很高。所以这些地主只能被迫停止开采。在停顿了一个时期后，有雄厚资本的股份公司采用竖坑作业法又开始了新一轮的开采。散落在角砾云母橄榄岩里的金刚石颗粒很小，重量不到100毫克，也就是小于半个克拉。但是有时也能开采到很大的颗粒。

在很长的一段时间里，世界上最大的一颗金刚石叫作"超级钻石"，它的重量有972克拉，合194克。直到1906年，出现了更大的金刚石，人们叫它"非洲之星"，重量达3025克拉，合605克。一般能超过10克拉的金刚石就已经很少见了，价格也非常昂贵。名贵的钻石重量是在40～200克拉。除此之外，还有两种金刚石，分别是钻石屑和黑金刚石，它们的价值也很高，不过不是用于装饰物，而是用在技术方面，比如，制造电灯泡钨丝的车床，还有用来钻坚硬的岩层，就需要颗粒很大的金刚石。

含有金刚石的岩石一般藏在很深的地方，一般人很难达到。火山爆发时，地下有岩浆流过的孔道，含金刚石的岩石便是在这种孔道里填充着。已知的地面上由于火山爆发形成的漏斗状火山口有15处，最大的直径长达350米，其余的宽度在30～100米。

再来说说石墨，石墨中碳原子是成层分布的，所以很容易分开。石墨不是透明的，泛着金属光泽，质地柔软，容易剥落成片，可以在纸上留下痕迹。石墨很难与氧气化合，哪怕是极高的温度也没用，所以石墨非常耐火。

石墨的生成有两种情况：一种是在生成火成岩时，从岩浆中冒出的二氧化碳分解后变成的；还有一种是由煤变成的。著名的西伯利亚石墨矿床就属于第一种情况，位于西伯利亚的火成岩——霞石正长岩中有非常纯净的石墨晶体。叶尼塞河流域的石墨矿层则属于第二种情况，是由煤变成的，纯度不是很高，含的灰分很多。

我们每天用铅笔写字，其实就是在和石墨打交道。制造铅笔芯时要把石墨与黏土混合在一起，黏土的用量决定了铅笔的软硬。硬铅中黏土多，软铅中黏土少。制好的铅笔芯嵌在木条里，再把木条胶合。开采出来的石墨，用于制造铅笔芯的只占5%。剩下大部分的石墨是用来制造耐火坩埚、电炉里的电极和润滑大型机器里易磨损的零件。

石灰岩、白垩岩和大理岩

我们还有一部分二氧化碳没有讲到，那就是地层中石灰岩、白垩岩和大理岩中的那部分二氧化碳。首先，我来给大家回答一下这部分二氧化碳生成的原因是什么？

取少量白垩粉末置于显微镜下观察，我们很容易看到许多细小的圆圈、棍棒和晶体，它们其实就是根足虫之类的微生物的石灰质骨架。

这一类小生物有几种现在还能在热带的海水里看到，根足虫的骨架成分是碳酸钙，所以一旦死亡，它们的这些骨架就形成了岩石。除了这些低级的生物体，还有许多种动植物的骨架也参与了岩石的形成。

总而言之，是生物体的骨骼参与形成了这些岩石，而且这些骨骼的主要成分是碳酸钙，碳酸钙其实就是二氧化碳与金属钙的化合物。所以，这些岩石中存有二氧化碳。

根据石灰岩中生物体的残骸，科学家是可以断定什么时候形成了这种岩石的。科学研究证明，全球的煤和石油的存量与石灰岩的存量之间有一个关系比率，而且这个比率是可以算出来的。因此，人们就可以根据各个地质时代石灰岩的生成量，大致估计出当时生成的煤与石油的量。

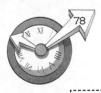
深度	碳的变化			稳定的状态
地球表面 （生物圈）	CH_4 ⇄ 活物质 → 气体 ↓	→ 碳酸盐 （石灰岩） CO_2		烃 活物质 二氧化碳 碳酸盐
变质作用地带	CH_4 ⤳ 油页岩、煤 石油、沥青 ↓ 石墨	CO_2 ⤳ 碳酸盐 （大理岩） ↓ CO_2		二氧化碳 碳酸盐 石墨
深成岩地带	CH_4 碳化物	CO 金刚石	含碳的 （硅酸盐）	二氧化碳 （石墨） 金刚石 煤铁等的碳化物

　　许多存在很久的石灰岩会在压力的作用下变成大理岩，所以大理岩中有机体的痕迹就很少了，大理岩中积压了千百万年的二氧化碳，除非有造山运动或火山作用，才会受热放出二氧化碳。

　　总而言之，地球上各种化学变化在永恒地循环着，我们的世界就在这个循环中保持着动态平衡。

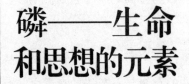

磷——生命和思想的元素

磷的发现史

　　磷在自然界中拥有很奇异的性质。在这里，我先给你们讲两个故事。第一个故事发生在17世纪末，第二个故事则是发生在近代。通过这两个故事，我要说明一个道理：没有磷就没有生命和思想。

第一个故事

　　一间凌乱的屋子里，生着火的炉子连着铁匠用的大风箱，炉子上放着巨大的曲颈瓶，瓶口飘浮着一缕缕的烟……地上、桌上都摆着很破旧的厚皮封面的书，书里各种乱七八糟的符号，除了它们的主人应该没人看得懂。地上还散落着装着盐粒的钵、一堆堆的沙子和人骨、盛着"活水"的瓶子。桌上除了书还有各种大小的玻璃杯和曲颈瓶，最夺目的是瓶中装着的五颜六色的液体。

　　这便是古代炼金术士的实验室，他们专注于自己的研究，想把水银变成金子，希望通过神秘的燃烧力量把一种金属变成另一种金属。他们试尽各种办法溶解粉末和人的骨头，把人和动物的尿蒸干，希望炼制出"哲人石"，他们觉得这种哲人石能把普通金属变成金子，人吃了这种石头则会返老还童。17世纪的炼金术士就是在这样凌乱的环境中解决化学问题的，但他们想把水银变金子、从骨头中炼出哲人石却是枉费心思。所以，他们花费数年时间还是毫无结果。

　　直到1669年，德国的炼金术士布拉德鸿运当头，他发现把新鲜尿液蒸发，再把剩下的黑色渣滓加热，开始时先小火，之后用大火，这一系列操作之后，盛渣滓的管子上部聚集了类似白蜡一样的物质，而且这种物质会发光！他严守这个秘密，不允许其他炼金术士迈进他的实验室，当时甚至有位高权重的贵族想用金钱收买他的成果。大家都以为是哲人石炼制出来了。这种石头散发出冷冷的光，人们称其为"冷

79

火"，并且给这个发光物质起名为"磷"（磷这个名字的希腊文意思是"带光的"）。

英国非常著名的化学家 波义耳 和哲学家 莱布尼茨 也对布拉德的发现很感兴趣。不久，波义耳的一个学生兼助手在伦敦也制出了磷，他的制作方法非常成功，所以就在报纸上登广告说："住在伦敦某某大街的化学家汉克维兹，可以制作各种药剂。而且，伦敦只有他会制作磷，每 盎司 售价3金镑。欢迎购买。"

波义耳（1627~1691年），英国化学家。其著作《怀疑派化学家》于1661年出版，对化学发展产生重大影响，因此化学史家把1661年作为近代化学的开始年代。

莱布尼茨（1646~1716年），德国哲学家、数学家，历史上少见的通才，被誉为17世纪的亚里士多德。

1盎司≈31.1035克

直到1737年，磷的制法还是属于少数人掌握的秘密。炼金术士一直想利用这个神奇的元素做些什么，却怎么也利用不上。他们以为哲人石已经被发现，就很想用发光的黄磷把银子变成金子，却没有成功。哲人石没有像人们想的那样展现出奇妙的性质，倒是时不时地在实验过程中发生爆炸，让研究人员非常害怕。所以磷在当时还是神秘的物质，找不到什么用途。

大约200年后，化学家 李比希 才揭开了这个元素的秘密——磷和磷酸对植物生命的价值。磷化合物是田野里生命的基础，于是李比希首先想到应该把"冷火"的化合物撒到田地里提高庄稼收成。

李比希（1803~1873年），德国化学家，创立了有机化学，被称为"有机化学之父"。

但是，李比希的话在当时并没有得到人们的认可。他曾经想用硝石做肥料，并让轮船从很远的南美洲运来硝石，但最后却因为没有买主而不得不把硝石扔到海里。用"冷火"可以提高黑麦和小麦的产量，可以让宝贵的纤维素植物——亚麻的茎长得好。这在很长的一段时间里都只是办不到的幻想。所以科学家们又坚持不懈地研究了很多年，才让磷成为影响国民经济的重要元素之一。

第二个故事

　　在1939年。人们在位于苏联北部的积雪山坡上，大规模地开采着一种浅绿色的矿石——磷灰石。这里开出的磷灰石很多，可以与地中海沿岸、非洲或佛罗里达开采的纤核磷灰石相比。把绿色磷灰石送到大型选矿工厂，然后碾碎它们去掉有害成分，研成像麦粉一样细碎和柔软的白色粉末。将它们装上火车，火车从遥远的北极地区开到圣彼得堡、莫斯科、莫洛托夫和古比雪夫的工厂去，在那儿让它和磷酸反应生成另一种白色粉末——可溶于水的磷酸盐，用作肥料。使用特殊的机器把成吨的磷酸盐撒向田地，散落在田里的磷原子会钻进作物中，使亚麻的产量提高一倍，这可以增加甜菜的糖分，让棉花结出更多棉桃。

磷的其他用途

前面给大家描写了关于磷的历史的两幅图景，让大家了解了磷的发现史和主要用途。但是，要知道磷的作用不只是用作肥料，它还有其他用途。

首先，磷是生命和思想的物质。动物的骨头中含有磷，它决定了骨髓

磁的各种用途

细胞的生长和发育。归根到底，生物有了磷才能长得结实。大脑中磷含量也很高，表明在大脑中磷也起着十分重要的作用。如果不能补充足够的磷，整个机体就会衰弱下去，所以许多药都是含磷的。不只人类需要磷，动植物也需要。之所以会出现湖泊藻类爆发，就是因为生活污水中含磷较多，排入湖泊后藻类吸收磷元素疯狂生长繁殖，使得水中氧气含量降低，鱼类因缺氧而大量死亡。所以任何事物包括元素均过犹不及，不可过多。磷酸盐，尤其是锰和铁的磷酸盐，可用作涂料。不锈钢制品就是在表面涂一层磷酸盐，这样便不会生锈。因为磷可以在燃烧时生成五氧化二磷，而五氧化二磷可以在空气中飘很久，也就是烟雾状，所以军事上便利用五氧化二磷制造烟幕弹。

讲了这么多用途，再给大家讲一下磷在地质中的迁移吧，由于磷在自然界里经过的化学变化非常复杂，所以在这里简单说说。磷先是出现在生成岩的熔融物里，然后变成细小针状的磷灰石，最后过滤器一般的微生物把磷从稀薄的海水中抓出来，参与到生命循环中。在这个循环中磷一般会聚集在生物体死亡的地方，比如，动物死后的骨骼和牙齿里、洋流衔接点鱼类繁殖的地方都有很多磷。

总之，作为生命和思想的元素，磷的过去在地底，而未来却在现代工业中！

硫——化学工业的原动力

自然界中的硫

在人类最早知道的化学元素中，硫占了其中一位。早在4000年前，古希腊人和罗马人就注意到地中海沿岸出现了大量的硫，通过不断的探索，他们熟练掌握了二氧化硫熏蒸消毒和漂白布匹的技能。除此之外，因为每次火山爆发时都会带出许多硫，所以当时的人们就已经明白硫化氢气体的臭味便是火山活动的标志。

早在公元前几百年，远在西西里岛的大硫矿里产出过纯净透明的硫晶体，而让当时的人们认为硫是世界上基本元素之一的现象则是这种石块通过燃烧会产生

中世纪熔炼硫的图示

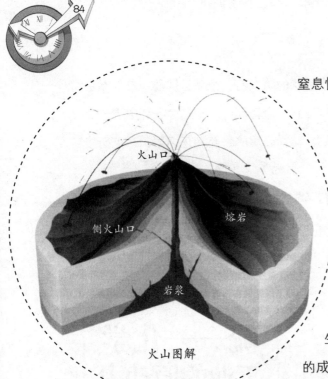

火山图解

窒息性气体。

正因为这一点，古代的自然研究者，特别是炼金术士，非常重视硫的作用。所以他们一说到火山的活动过程或山脉或矿脉的生成经过，总会强调硫所起的作用。在他们眼中，硫的性质很神秘，他们看着硫燃烧生成新物质，便联想到哲人石的成分中肯定有硫。那时的他们拼命做实验想炼出哲人石，但一无所获。

1763年，俄国科学家罗蒙诺索夫发表了很有影响力的论文——《论地层》。在这篇文章里他叙述了自然界中硫所起的特殊作用，论述得非常好。我们选几处给大家读一读：

一提起地下的火是那么多，念头马上就转到地下的火里含的是什么物质……还有什么东西比硫更容易发火呢？火里还有什么比它更有力的呢？

从地底下开采出来的可燃性物质当中，哪一种比其他的更丰富些呢？

因为不但火山喷出的气体里有硫，地底下滚烫沸腾的矿泉里和陆地地底下的通气口里也聚集有大量的硫，而且没有一块矿石，几乎没有一块石块，彼此摩擦之后不产生硫的气味，不显露它们的成分里含硫的……大量的硫在地球中心燃烧成沉重的气体，在深坑里膨胀起来，顶着地球的上层，使它升高，向四下做出不同程度的运动，产生各式各样的地震，而地面抵抗力最小的地方就最先断裂开来，破坏了的地面的碎块有些比较轻的被抛到高空，再落下来掉在附近；其他碎块因为太大太笨重，飞不起来，就变成山。

我们看出地球内部的火真多，而维持地下的火的硫也多得很，这样就足够引起地震而使地面发生变化，这种变化是很大的，会带来灾祸但是也有好处，是可怕的但是也带来安慰。

地下深处的确含有大量硫物质，硫冷却时会析出好多种挥发物，这些物质包括各种金属与硫、砷、氯等的化合物。硫不但可以变成气体喷出，还能溶于地下水或在地下裂缝中形成矿脉。硫、砷和其他元素一起住在热的挥发溶液中，在那儿生成矿物。人们早已掌握了这一信息，所以从远古时期开始就明白在这类矿物中可以开采出锌、铅、金和银。

硫的破坏性

在地球表面，硫所生成的暗淡不透明的多金属矿石和各种 黄铁矿 类或辉矿类矿石，会受到空气中氧气和水的作用。在这样的环境下，硫化合物会生成新的化合物。比

> 在这里应该强调一下，黄铁矿类矿床和开采硫的地方出现的硫酸是很有破坏性的。

如，硫被氧化后生成二氧化硫，划火柴时会闻到这种气体的气味。而二氧化硫可以与水反应生成亚硫酸和进一步氧化生成硫酸。经过这一系列变化后，硫和硫化物会破坏周围的矿层，与较稳定的元素化合，最后变成石膏或其他矿物。

　　我们在卡拉库姆沙漠中工作时，不知道硫矿具有破坏性，所以我们将选好的矿石样品包在纸里。到了圣彼得堡后，我们发现纸包都烂掉了，连装样品的箱子的一些地方也被腐蚀了。造成这次"事故"的元凶便是天然硫酸。不得不承认它真是一种特殊的液态矿物。

　　还有一次，当时我在乌拉尔南部的梅德诺戈尔斯克矿坑，因为黄铁类矿石氧化后析出的硫酸远远超出人们的估计，造成了很多矿工的工作服迅速被腐蚀成一块块的烂布。

　　卡拉库姆的硫矿石是沙与硫的混合物。为了分离出硫，化学工程师沃尔科夫想出了奇妙的办法。具体做法是这样的：

　　第1条： 把小块矿石放在一只高压锅中，加入水密封起来。由另外一个蒸汽锅向高压锅通入5~6个大气压的蒸汽。这样，高压锅中的温度就升到了130℃~140℃，硫在这么高的温度下会溶化并聚集在锅底部，而沙和黏土则被蒸汽冲向上方。

　　第2条： 一段时间后，打开高压锅的放硫口，让硫流进特制的槽中。整个过程在2个小时左右。

　　就这样，工程师轻松解决了硫矿的提纯问题。硫能够维持单质状态的时间比较短，如果它的周围有金属存在，那么硫便会很快变成化合态。

　　火山地区的硫和金属的化合物聚集成明矾石，这些明矾石往往在活火山周围分散成白色斑点或条带。并且，月球上环形山周围观测到的白色光圈有可能就是明矾石。

石膏

硫和氧的化合物，很大一部分会接着和钙化合，最后生成的化合物在实验室条件下很难溶解。但它在地底却十分活跃，这种化合物我们称其为石膏。盐湖和干涸的海底就有石膏生成的沉积层。但硫在地面上的历史远不止这些。

一部分硫酸会重新变成二氧化硫气体和水，而很多微生物会把硫的化合物还原成单质，硫的化合物溶液分解出硫化氢和其他挥发性气体，包含石油的地下水涌出时，这些气体也会被带出飘浮在湖沼等低地的上空，就这样，固体硫又变成硫化氢，恢复了流动状态。这就是硫在地球上许多复杂循环中的一个。

开采硫的历史

当人类渐渐掌握了硫的秘密后，也大大地改变了硫在地球上的"使用路线"。硫成为工业上最富有价值的东西。每年全世界开采出的纯净硫不

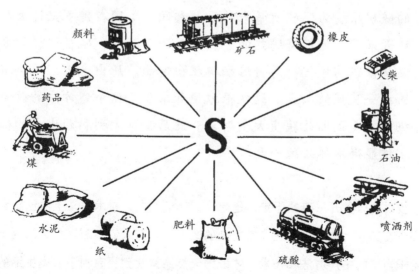

硫在生产中的应用

到100万吨，而开采出来的硫化铁里含的硫倒有几千万吨。

把需要用硫的所有工业技术部门列举出来很不容易。我只能举出几个最重要的给大家展示一下硫的不可或缺。硫可以用来制造纸、染料、多种药物、火柴，精制汽油、醚、油也需要它，制造磷肥、明矾、玻璃也离不开它，还有硝酸、盐酸和醋酸的制得也需要硫的帮助。所以，从19世纪开始，硫便在工业发展史上起了巨大的作用。

硫是那么的重要，所以为硫而争斗是完全可以理解的。

18世纪时，西西里岛在很长一段时间内是硫唯一的供应地。这个岛是属于意大利的，而英国为了夺得这一资源，几次派遣舰队炮轰西西里岛沿岸。

后来，瑞典人探索出从黄铁矿中提取硫和制造硫酸的方法，西班牙丰富的黄铁矿又成了欧洲各国关注的对象，英国舰队就又出现在西班牙沿海。

再之后，美国的佛罗里达半岛发现了世界上储量最丰富的硫矿床。为了硫所带来的巨大利润，美国在佛罗里达疯狂地开采硫，他们将过热的蒸汽压入地下深处，硫在这样的高温下很容易熔化，再将熔融硫压出地面。压出来后，硫会凝固成一座座的山丘。这就很方便开采了。这个新方法的效率极高，美国因此获得大量财富。此后，意大利和西班牙的硫矿便显得不那么独一无二了。

我讲这么多开采硫的历史，是想让读者们明白，技术方法上的创新会让物质在工业上的利用发生非常复杂的改变。只有人们不断地探索新的更适用于当下的生产方法和技术，才能为天然原料找到更有利于人类生活的利用方式。

钙——稳固的象征

钙在宇宙中的经历

我记得有一次我出去旅行，来到了新罗西斯克，这个城市附近有一个大型水泥工厂，因为制造水泥的主要原料是石灰岩和泥灰岩，所以工厂的技术人员希望我能给他们做一次关于石灰岩和泥灰岩的讲座。虽然我知道石灰和水泥的基础是各种各样的石灰岩，我也知道石灰一般是从距离新罗西斯克有1500千米远的瓦尔代高地订购，做成水泥后，则要走一个从新罗西斯克到黑海、爱琴海、地中海、大西洋、北冰洋的环状路线运送到需要它的地方。我真的很明白石灰对日常生活和工业建筑的重要意义，但我从没研究过石灰岩，所以对其一无所知。

"那么请为我们讲一讲钙吧，"一位工程师说，他特别强调了所有石灰岩的基础就是金属钙，"请谈一谈，从地球化学的角度是如何看元素钙的，钙有什么样的性质，它在地球上的分布是怎样的，为什么钙会形成大理石的美丽花纹，并使石灰岩和泥灰岩显示出适用于工业的性质。"

于是，我为他们讲了一下钙原子在宇宙中的经历：

●化学家告诉我们，钙在门捷列夫元素周期表中占有特别的地位，它的原子序数是20。也就是说，钙原子的中心有一个原子核，核中有非常小的粒子——质子与中子，核外则

有20个游离的电子。钙的原子量是40，属于门捷列夫表从左向右的第二列。

> 天体物理学既是天文学的一个分支，也是物理学的一个分支，是利用物理学的技术、方法和理论，研究天体的形态、结构、物理条件、化学组成、演化规律的学科。

• 钙要与其他元素形成化合物需要失去两个电子，也就是说，钙的化合价是+2。钙原子的性质非常稳定，想要破坏一个由一个原子核和20个电子构成的稳固结构是很难的。随着 **天体物理学** 对宇宙构造的深入研究和发现，钙原子在宇宙中扮演的角色也渐渐显示出来。

日全食时太阳周围镶着一个红色的环圈，上面跳动着鲜红的火舌，这种火舌状物体就叫作日珥。大的日珥可以高于日面几十万千米，而日珥中有无数飞快移动的金属小颗粒，其中就有钙粒子。而且，在分散的星云中，贯穿着飞驰的轻元素原子，这其中也有钙。宇宙中存在一些小颗粒，它们在走过复杂的路途后，会在引力作用下朝地球飞去，它们就是陨石，陨石中也有钙。

我们再把目光转向地球：

当熔融物质还在地球表面沸腾时，在重的蒸气逐渐分离形成大气层的时候，在水滴刚刚凝聚形成巨大海洋的时候，钙和镁早已是地球上非常重要的金属。那时候的岩石，不管是在地面上的，还是凝结在地底深处的，都有钙和镁的存在。大洋的底部，特别是太平洋的海底，到现在还铺着玄武岩层，我们都知道玄武岩的主要成分是钙，而我们的大陆便是浮在这样的玄武岩上的，这个岩层就像是薄薄的皮壳，盖在地下的熔融物上面。

根据地球化学家的计算，在地壳的成分重量表中，钙占3.45%，镁占2%。地球化学家认为，钙在地球上的分布规律与钙原子的稳定性是分不开的。地壳刚一成形，钙原子就开始了它们的曲折旅程。远古时代，火山爆发喷出大量二氧化碳。那时的大气充满了水蒸气和二氧化碳，形成厚重的云层，包围在地球四周，破坏着地球表层，并且当时地面上的炽热物质也被卷入剧烈呼啸的风暴中，从这时起，钙原子的旅行史便翻开了最有趣的一章。

石灰质

钙和二氧化碳反应生成碳酸钙，碳酸钙会溶解在含二氧化碳的水中，随水移动。在水分减少后，碳酸钙又会沉淀出来，紧压胶结后形成岩石，这种岩石就是石灰岩。石灰岩下有灼热的物质翻滚着，好几千摄氏度的蒸气烧烫着石灰岩，把石灰岩变成了纯白的大理石山丘，纯白的山顶与纯洁的雪混成一片，难分彼此。

那时也有一些碳的化合物通过复杂的结合生成了最初的有机物。这些有机物是凝胶状的，有点像水母，后来结构越来越复杂，渐渐地拥有了新的性质——活细胞的性质。为了生存，为了进化，这些分子经过不断的试验淘汰，终于在地球上出现了生命的痕迹。先是海洋中的单细胞生物，然后是比较复杂的多细胞生物，就这样一步一步地，地球上终于有了人。

每种生物都有自己的进化史，在面临恶劣的生存环境时，都会想方设

法地让自己拥有某些可以保护自己的特质。比如，刚开始时，有些动物体比较柔软脆弱，它们往往无法抵抗捕食者。所以，为了提高生存率，经过千百年的进化，它们的软体要么穿上了一层盔甲似的皮壳，要么身体内部长出了坚硬的骨骼。

现在，我们已经研究出，各种软体动物、虾和一些单细胞生物，普遍是用碳酸钙筑造外壳，而生活在地面上的动物的骨骼成分是磷酸盐，其中人和某些大型动物用的是磷酸钙。不管是碳酸钙还是磷酸钙，起重要作用的都是钙。由此可看出，钙在构建生物体坚实性方面起了多么重要的作用。

写到这里，我突然想起了第一次去热那亚附近的内尔维沿岸时的情景。那时我还是一个青年，我站在岸边，盯着透明的海水，看到海里各式各样的贝壳，颜色各异的藻类，有着漂亮石灰质外壳的寄居蟹，石灰质的红色珊瑚，还有各种叫不上名的软体动物。我沉浸在这个奇妙的世界中，同样是碳酸钙，但表现出来的样子却是千变万化。这些钙聚集在海底的贝壳和各种海洋动物的骨骼里，足足有几十万种形式。这些动物体死亡后留下的遗骸堆成一座座的碳酸钙坟墓，它们便是新岩层的开端。

今天，在我们赞叹着各种大理石装饰的建筑物，欣赏着发电站里白色或灰色大理石做的配电盘，或者在莫斯科地铁站，沿着产自谢马尔金斯克的黄褐色石灰石台阶走下去时，我们都应该知道，这些大块的石灰石是由微小活细胞堆积起来的，是大自然通过复杂的反应，把分散在海水中的钙原子聚集在一起，再将它们改造成拥有晶体骨架和纤维质的可供人类使用的矿物。但是，钙的旅行并没有就此止步。

金属钙

水会将钙化合物溶解，钙离子会在复杂的水溶液中重新旅行起来，有的留在水中形成钙含量很高的硬水；有的与硫反应化合成石膏；有的则结晶成奇形怪状的钟乳石和石笋，形成奇幻的石灰岩山洞。

最后，人"捉住"了钙。人们不但会直接使用各种纯净的大理石，还学会了把石灰石放进石灰窑和水泥工厂的大炉子里煅烧，以便得到可当建筑材料的石灰和水泥。而在化学家、冶金学家的试验下，人们不仅让石灰石里的钙与二氧化碳分开，还让钙和氧彻底分离，制出了纯粹的钙。这时，人们才看到金属钙真正的样子：

钙是有光泽、闪亮柔软有弹性的金属，可以在空气中燃烧。

人们利用钙原子，真正利用的是它易与氧气化合的性质。比如，工人们会把钙作为除氧剂加进熔融的铁里，防止氧气对炼铁产生干扰。就这样，钙刚刚变成金属，没闪亮多久，很快又变成复杂的含氧化合物。

这便是钙的循环旅行过程。要想找一个

在地球上走过的路程更复杂，在地球生物诞生时起的作用更大，同时比钙在工业上的应用更广的元素，真的很不容易。要想发现钙更多的秘密，我们还需要努力，相信在一代代科学家的努力奋斗下，我们对钙的利用会更有效、更全面！

钾——植物生命的基础

钾在地球上的旅程

钾与钠同属于碱性金属元素，钾的原子序数是19，也就是说原子核外有19个电子，紧挨着原子核的第一个电子层排2个电子，第二和第三个电子层排8个电子，第四个电子层只有一个电子。所以，钾原子很容易失去一个电子形成稳定结构。比如，钾极易与一个卤族原子化合成钾盐。也就是说，钾的化合价为+1价。

钾的性质如此活跃，所以它在地球上的历史与钠一样是非常复杂的。钾在地球上生成了100多种矿物，另外有好几百种矿物中也含有少量的钾元素。总的来说，钾在地壳中含量大约是2.5%。这个数据不算小了，这正说明钾是地球的主要元素。

地质史中关于钾的这部分历史是很有趣的。人们对这部分已经研究很清楚了，所以我会在接下来的篇幅中为大家详细讲一讲钾原子所经历的全部旅程。

当地下深处熔融的岩浆凝结时，熔点低的颗粒分离出来的时间要长一些，钾就属于这一类。所以地下深处最初生成的晶体里没有钾，绿色橄榄岩那种深成岩中也几乎没有钾，连作为洋底的玄武岩中钾的含量也低于0.3%。那么钾在哪里呢？其实在熔融岩浆复杂的结晶过程中，比较活跃的原子一般集中在上层，所以碱性的钾和钠就在上层岩浆中，这些岩浆生成的岩石就是我们常说的花岗岩。花岗岩在地表占的面积很大，它是漂在玄武岩上的大陆。

花岗岩在地壳深处凝结，钾在其中的含量大约是2%。花岗岩包括了好多种矿物，钾主要是含在正长石中的，我们熟知的黑云母和白云母中也有钾。在某些地方钾元素更集中，生成了一种叫作白榴石的巨大晶体白色矿物。意大利的白榴石就很多，人们会开采这种矿石提取钾和铝。可见，地球钾原子的"摇篮"便是花岗岩中的酸性熔岩。

我们知道，地球表面的酸性熔岩非常容易被水、二氧化碳或者是植物根部分泌的酸腐蚀。如果你去过圣彼得堡近郊，那么你就会看见露头的花岗岩是多么容易受到破坏，花岗岩中的矿物在风化作用下会失去光泽，慢慢地只留下由纯净石英砂堆成的沙丘。长石这种矿物也会受到破坏，地面上的各种作用力会把长石里的钠钾原子带走，只留下层纹状矿物独特的骨架，这种复杂的岩石叫作黏土。

从那时起，钾和钠这两个朋友便开始了自由的旅程。但是它们的路途是不一样的。钠是非常容易被水带走的，没有什么办法能把钠离子留在淤积的黏土和沉积物里。钠被江河带进大海，在海中变成氯化钠，也就是常见的食盐。但钾在海水中的含量很低，大部分的钾元素被土壤所吸收，留在了淤泥、海洋盆地、池沼和河里的沉积物里。正因为吸收了钾元素，土壤才有了神奇的效力。

著名的俄国土壤学家格德罗伊茨是第一个探索出了土壤的地球化学性

质的人。他发现土壤中的某些颗粒会截留各种金属元素，特别是截留钾。所以，他指出，钾原子与肥沃的土壤之间有很强的联系。在土壤中的钾原子是那么微小，以至于植物的每个细胞都可以吸收它，而且植物在吸收了钾原子后就可以长出芽来。研究结果已经表明钾、钠，还有钙都很容易被植物根系所吸收。

没有钾，植物便不能正常生长。钾能促进植株茎秆健壮，改善果实品质，增强植株抗寒能力，提高果实的糖分和维生素C的含量。钾元素供应不足时，碳水化合物代谢会受到干扰，光合作用被抑制，而呼吸作用加强。因此，缺钾时植株茎秆柔弱，易倒伏，抗寒性和抗旱性均差；叶片也会变黄，逐渐坏死。不但植物需要钾，动物体对钾的需求量也很大。钾在人体肌肉中的含量高于钠，尤其是在大脑、肝脏、心脏和肾脏中。钾不仅可以调节细胞内渗透压和体液的酸碱平衡，参与细胞内糖和蛋白质的代谢，还有助于维持神经健康，协助肌肉正常收缩。

钾的迁移路线不止一条。最主要的一条循环路线是从土壤开始，植物根系从土壤中吸收钾，一部分钾帮助植物生长发育，而另一部分则作为食物进入动物机体，在动植物机体死亡后，随着有机物的分解，钾又回到土壤中变成腐殖土，这时候，新生的植物又可以再一次地从土壤中吸收钾了。大部分钾走的都是土壤路线，但也有少量钾原子来到海洋，与其他盐类一起构成海水盐分。在海水中钾

死海海岸水晶盐海滩

开始了第二条循环路线。

当由于地壳运动导致大片海洋干涸时，当海洋分出浅海、湖泊、三角港和海湾时，就会出现像黑海沿岸萨克、耶夫帕托里亚之类的盐湖。当气温很高时，湖水会大量蒸发，盐分就会沉淀出来，被海浪拍打到岸边。若湖泊干涸，则湖底就会铺满一层像发光白布似的盐。

析出盐分需要一定的过程：在湖底先结晶出来的是碳酸钙，其次是硫酸钙，然后是氯化钠，最后是含盐特别丰富的天然盐水。在这种盐水中钾盐和镁盐占的比例很大。若毒辣的阳光再把盐水晒干，那么原来白色盐层的表面便会析出白色和红色的钾盐——这便形成了钾矿床。

由于钾盐是人们非常需要的一种工业原料，所以到了这一步后，就换成人类来指挥钾元素了。

钾的开发和利用

100多年前，伟大的化学家李比希在看到钾和磷在植物体中的功用后，他脑海中浮现起在当时被认为是幻想的一个念头，他觉得应该预算出植物体需要的钾、氮、磷等盐类的分量，然后将这些盐类配成肥料施加到土壤中。19世纪四五十年代的农业界对这种想法嗤之以鼻，因为李比希建议用硝石作为肥料，而当时的硝石是用船从南美洲运来的，价钱昂贵。而磷肥的来源——磷矿还没开采出来，钾的用法也没人知道。所以大家都没有把他的设想当回事。不过，乌克兰的老农很早就知道把玉米秆烧成灰撒在田里能提高庄稼收成。他们是完全没有科学指导，只是凭借自己的经验和智慧，就体会到了植物灰对于庄稼的重要意义。

自李比希提出肥料设想之后的很多年，这个问题一直是全世界各国面对的最重要的问题之一。土壤的肥沃在很大程度上依赖于是否能把动植物从土壤中吸收的各种物质归还给土壤。也就是说，人类需要将很多的钾施

用给土壤。举个例子，1940年，荷兰在每 公顷 土地上用了42吨的氧化钾。所以，人类很早就面临着这样一个任务：寻找钾盐矿床，提取钾盐并制成肥料。

> 1公顷≈10000平方米

在过去很长一段时间里，德国垄断了全世界的钾盐工业。德国哈茨山东部山麓的斯塔斯福盛产钾盐，每年都会有大量的火车把钾盐由德国北部运送到世界各地。许多农业国对这种情形无法容忍，所以耗费了好大力气，才在北美洲找到少量的钾矿；法国在莱茵河流域发现钾矿；意大利通过利用火成岩中的一些含钾矿物开始了对钾盐的利用。但这些钾盐的产量远远不能满足贫瘠土壤的需求。

之后，俄国在索利卡姆斯克地区发现了世界上储藏最丰富的钾盐矿床。

现在，全世界的钾盐储藏量分布图已经和以前完全不一样了。

现在给大家大致讲一讲俄国古代盐田的这段地质史：

古代的彼尔姆海包括了苏联欧洲部分的整个东部地区，这个海其实是北冰洋向南延伸过来的浅水部分。它的某些海湾在阿尔汉格尔斯克附近弯向别洛耶湖，在诺夫哥罗德附近也有。彼尔姆海东部以乌拉尔山脉为界线，向西南方向伸出两条支流分别到顿涅茨流域和哈尔科夫。彼尔姆海的东南部一直延伸到俄国南部进入里海。

有些科学家甚至认为彼尔姆海在最初是和巨大的特提斯海连在一起的，所谓特提斯海是在二叠纪时把地球拦腰围住的一个大洋。等特提斯海逐渐变浅，沿岸变成一个个湖泊后，本来湿润的天气变成了风急日烈的沙漠天气。强劲的热风摧毁了年轻的乌拉尔山脉，山脉整个塌陷，倒在了原先的彼尔姆海沿岸。彼尔姆海便向南退去，北部的湖泊和三角港中沉积了石膏和食盐，南部的河水中钾盐和镁盐的含量则越来越高，东南部也积聚了天然盐水。就这样，一个个浅水的海和湖逐渐出现，水里含着高浓度的钾盐和镁盐。

钾盐开始沉积出来，从索利卡姆斯克到乌拉尔山脉的东南部，慢慢出现了许多钾盐矿，然后土壤和风沙掩埋了它们，形成了现在的地貌。

钾盐田不但可以给作物充分施肥，提高产量，还为钾化学工业的建立提供了原料。制造化学工业方面非常需要的钾化合物，包括苛性钾、硝酸钾、过氯酸钾、铬酸钾等。在从钾矿石中提取出钾盐的同时，镁盐也被大量发现。电解镁盐可以得到纯金属镁，利用纯金属镁制作的一种名为琥珀金的镁合金为修筑铁路和制造飞机提供了新材料。

对了，钾元素还有一个小小的但不该忽略的特质，那就是，有一种具有放射性的钾同位素。正常钾原子的相对原子量为39，而放射性钾原子相对原子量则为40。这个同位素虽然放射性比较微弱，但是却能放出好几种射线，然后变成另一种元素的原子，新原子聚拢起来后就变成了钙原子。科学证明，由于钾40不稳定，在变成钙原子的过程中会放出大量的热，所以其在地球生命方面起着非常大的作用。据科学家推算，地球内部因原子衰变所放出的全部热量中钾占了至少20%。可见，钾40的衰变对地球热量的影响有多大！

这便是我们所知道的钾的历史。

铁和铁器时代

铁的开采和应用

铁不仅是自然界里最重要的元素，还是文化和工业的基础。它是冷兵器时代的主要武器，也是劳动的工具。翻开元素周期表，再也找不到像铁一样与人类的过去、现在和未来那么贴近的元素。

古罗马时期，有一位名叫普林尼的矿物学家曾经谈到过铁，后来的俄国矿物学家谢韦尔金翻译了他的话：

铁矿工人给人类带来了最优良也是最凶险的工具。有了这种工具，我们才能刨土栽树，耕耘果园，修理葡萄藤，让它每年能抽出新芽来。有了这种工具，我们才能盖房子，砸碎石块，我们生活中像这一类地方都要用到铁。可也就是用这种铁，我们来进行战争和掠夺，而且不但用在短兵相接，还用在远攻，有时候用枪打，有时候用手抛，有时候又用弓射。照我的看法，这是人类智慧的最恶毒的一种表现。因为这是让铁带着翅膀出去夺命。所以这是人为的罪过，不能向自然界推诿责任。

早在公元前三四千年，人类就开始接触这种金属。从那时起，人类的历史其实就是为铁斗争的历史。最开始的时候，人类是将捡到的陨石加工做成铁制品，就像今天看到的墨西哥阿兹特克人、北美洲印第安人、格陵

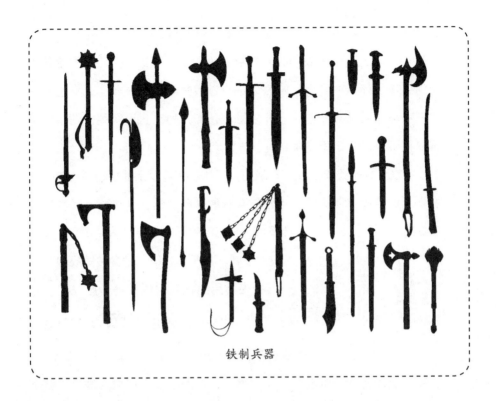

铁制兵器

兰因纽特人所用的那种制品一样。因为陨石是从天上掉下来的，所以埃及人称其为"天石"。阿拉伯人则重复埃及的古代传说，说天上的金雨落在阿拉伯沙漠上，金子就变成了银子，最后又变成黑色的铁——这是对那些想占有上天恩赐的人的惩罚。

因为从铁矿石中炼铁很难，并且天上掉下的陨石又很少，所以在很长一段时间里铁都得不到广泛范围的使用。直到公元前1000年，人们学会了炼铁，人类文化史上的铁器时代才拉开帷幕。

各个国家像找金子似的找铁，但不论是中世纪的冶金学家，还是炼金术士，都没能真正掌握铁。到了19世纪，铁才逐渐成为工业上的重要金属。随着冶金工业日渐发达，鼓风炉代替了手工作业的小规模熔铁炉，兴建了生产能力高达好几千吨的大型冶金工厂。

铁矿成为各国的主要资源，储藏量达几十亿吨的洛林铁矿不仅是资本家争夺的目标，还变成了战争的导火索。19世纪70年代，德法两国就曾为了莱茵河流域所储藏的几十亿吨铁矿进行过战争。还有瑞典在北极圈的著名铁矿——基律纳瓦拉铁矿，年开采量达1000万吨，也引得英德两国为争夺这里的铁资源发生了不少争斗。

俄国的铁矿是被逐渐发现和开采的，开始是在克罗沃罗格和乌拉尔，之后又发现了位于库尔斯克这个地磁异常区的铁矿。这些铁矿奠定了其工业的基础，炼出的铁用于制造铁轨、桥梁、机车和其他工具。战争年代时，铁会被做成炮弹，一场战役所用的铁有时候就是一座铁矿。比如，"一战"中的 **凡尔登战役**，战争结束后整个凡尔登堡垒就成了一座"钢"矿。

> 凡尔登战役从1916年2月21日延续到12月19日，是第一次世界大战的决定性战役和转折点，也是第一次世界大战中破坏性最大、时间最长的战役。

之后，现代冶金工业走上了新道路。人们发现，在钢里掺进几千分之一的稀有金属，比如铬、镍、钒、钨、铌后，制得的合金要比普通的钢铁坚韧。所以，铁和普通钢渐渐被合金取代。

铁的特性

人们还发现了铁的一个特性，那就是它会从手里悄悄溜走。它不像金子，金子可以放在保险箱里保存，不会有重量损失。可铁没金子那么老实，我们都知道，铁是多么容易生锈，把一块潮湿的铁置于空气中很快就会长满锈斑。如果铁皮的房顶不涂油漆，那么一年左右就会出现一个一个的大窟窿。还有从地底挖掘出来的古代铁制武器，像枪、剑、盔甲等表面会变成红褐色。这些铁器之所以会变质，是因为铁会被空气中的氧气氧化。于是，人类就面临着防止铁被氧化的任务。

后来，人们想出了办法，不但包括前面所提到的在炼钢时加入某些稀有金属以制得合金，还想到了在铁表面涂各种涂料以隔绝氧气的方法。比如，在铁表面涂上一层锌或锡，把铁做成白铁或马口铁，或者是在机器的要紧部分镀上铬和镍等。总之，人类从地球内部开采的铁越多，钢铁工业越发达，就更要注意防止铁的生锈。

铁在宇宙中的旅程

铁是宇宙中最重要的元素之一。我们能在很多天体上看到铁的光谱线，它在炙热星体的大气里发光，在太阳表面飞驰。宇宙中的铁原子每年都会朝地球飞过来，这便是细微的宇宙尘和铁陨石。地球物理学家已经证明，地球中心其实是掺杂着镍的铁，而地壳是铁外面蒙上的一层玻璃似的矿渣。

地球化学家为我们揭开了铁的面纱。他们说，地壳本身就含有4.5%的铁。我们周围的所有金属中，只有铝比铁多。最初凝结的岩浆里包含了铁，这种岩浆凝结后是橄榄岩和玄武岩，它们在地下很深的地方，是最重和最开始凝成的岩石（硅镁层）。花岗岩（硅铝层）中含铁量比较少。

地球表面由于复杂的化学反应聚集了不少铁矿石。一部分铁矿石是在亚热带生成的，那里岩石中一切可溶于水的物质都会被水冲走，然后聚集起铁和铝的矿层。在俄国的北部地区，每年春天会水位上涨，把岩石里大量的铁冲到湖沼中，而湖沼中有一种铁菌，在铁菌的作用下，

结晶的硅镁

硅镁层

硅铝层

硅铝层

核

6.37×10^3 km

2.90×10^3 km

2.45×10^3 km

1.70×10^3 km

1.20×10^3 km

地壳构造图示

花岗岩型——含有大量硅和铝的岩层

玄武岩型——含有大量硅镁铁的岩层

地球中心——铁质的核

铁聚集成了豌豆大小或是更大的铁块沉积下来。所以，这些铁块在湖沼和海水深处、在长期的地质年代中就形成了铁矿。刻赤大铁矿便是这样形成的。

铁的旅行不只在陆地上。虽然海水里含铁量极低，但在特别的情况下，海洋和浅水的海湾里也有铁的沉积物，甚至是整片的铁矿层，这类铁矿在古代海洋沉积物中常被发现。乌克兰罗普尔和阿亚地等地的铁矿就是这样形成的。

由于铁常存在于陆地和湖沼中，所以植物很容易找到并吸收这种元素，甚至如果没有铁元素，植物便无法存活。如果一盆花得不到铁，那很快会褪色，叶子也会发黄干枯。绿色植物是依靠叶绿素才能合成营养物质以供生长的，而铁是叶绿素的生成条件。还有动物进行呼吸作用需要红细胞中的血红蛋白来运输氧气分子，而血红蛋白中也有铁元素。

铁便是这样在地球上、在动植物体内完成它的旅程的。如果没有铁，便没有生命。

锶——红色烟花

锶在地球上的旅程

大家都看过烟花吧：好看的红色烟花在空中慢慢熄灭，然后又出现漂亮的绿色烟花！每逢盛大节日，晚上都会有好多花火在空中交织绽放，把夜空装点成红、绿、黄、白各种颜色。

此外还有红色信号弹，轮船遇险时可以将其作为求救信号，还可以在夜间打仗时用这种火箭作为军用信号。

大家不一定知道这些烟花的成分吧。其实，这种烟火是用锶和钡两种金属盐制造的，锶和钡属于碱土金属族，以前很长一段时间里人们无法把这两种金属分开，后来才知道这两种金属盐用火点燃后发出的光是不一样的，一种是鲜红色光，另一种则是浅黄绿色光。之后又研究出制造这两种金属挥发性盐的方法，把制得的金属盐与氯酸钾、木炭和硫黄混合，然后把混合物压成球状、柱状和锥状，就可以放到枪和烟火筒中发射出去了。

如果要讲锶和钡的旅行史，那么上面所说的便是最后几页的内容了。假如我把锶和钡在地壳中的长途旅行史详细地讲出来——从熔化的花岗岩和碱性岩浆开始，一直讲到这两种元素在制糖业、国防业、冶金工业和烟花工业中的用途，我觉得你们会觉得枯燥无趣。那么，我还是给大家讲讲我的故事吧。

"石头病"

当我还在莫斯科大学念书时，在一份报纸上读到一位来自喀山的矿物学家写的关于含锶矿物的故事。这位科学家是位天才，他写了自己和朋友是怎样在伏尔加河沿岸采集到一种蓝色结晶矿石——天青石的，也叙述了在二叠纪的石灰岩里这种矿石是怎样由分散的原子聚集成蓝色晶体以及天青石的性质和用途。他把这个故事讲得非常生动，给我留下了深刻的印象。我对这种矿石魂牵梦萦了好多年，直到1938年我突然交了好运，无意中找到了它。

那时，我是在高加索北部的基斯洛沃茨克休养。一场大病刚好，我连上山散步的力气都没有。当时我住的疗养院附近盖了漂亮的休养所房子，新房子是用粉红色的火山凝灰岩制造的，这种凝灰岩是从亚美尼亚

的阿尔蒂克运来的，所以称为阿尔蒂克凝灰岩。围墙大门则是用的浅黄色白云石。工人们用小锤子把白云石敲平，并凿出精致的纹饰。我很喜欢到工地散步，看工人是怎样修凿柔软的白云石的，他们会敲去某些坚实的部分。一位工人告诉我："这种石头里常常有硬疙瘩，我们管它叫'石头病'，它会妨碍我们加工白云石，所以我们会把这些硬疙瘩敲下来扔到一边。"我走近那堆疙瘩，忽然发现一个碎疙瘩里有一块蓝色晶体，啊！这不是天青石吗？多么美丽透明的蓝色晶体啊，像产自斯里兰卡的蓝宝石，又像太阳光下闪亮的矢车菊。我拿起工人的锤子，把这些疙瘩敲碎后，我面前出现了很多的天青石晶体，它们就像一簇蓝色鬃毛填充在疙瘩内部的空隙里。而且，天青石晶体中还有白色透明的方解石晶体，而疙瘩本身是石英和灰色的玉髓，就像是把天青石镶嵌在一个结实的框子中。

我向工人们仔细打听了这些白云石产自哪里，他们向我指明了去采石场的路。第二天一清早，我们就坐着马车顺着土路到采石场去了。我们沿着汹涌的阿利空诺夫卡河，绕过那所名为"欺诈和爱您的堡垒"的漂亮房子，进到了一个峡谷，峡谷两边悬立着的陡峭山坡便是石灰岩和白云岩材质。不久后，我们看到了堆着一大堆碎石块和碎石片的采石场。

刚开始我们的运气并不好，费尽力气打碎的那些大石头里要么是方解石的晶体和水晶，要么是白灰色的蛋白石块和半透明的玉髓。但是，功夫不负有心人，我们最后终于敲到了天青石。我们把一块块绛蓝的天青石捡起来，整齐地放在一边，再小心地包在纸里。我们兴奋地把这些天青石样品带回疗养院，打开纸包，将它们洗干净。但是我们总觉得不够，所以没过两天，我们骑着小马又去寻找天青石了。

最后，我们屋里堆满了嵌着天青石的白云石块，虽然院长很不喜欢我们这样，但我们还是不断地往回搬运新石块。我们的举动引起了邻居和别的休养人员的注意。大家都很喜欢这种蓝石头，甚至有几个人跟我们到采石场去帮忙寻找。但谁都不明白我们为什么要采集这种石头。

天青石的故事

直到一个沉闷的秋夜，一位和我一起休养的人来找我，说想请我为他们讲一讲，这种蓝石头是什么东西，为什么会长在黄色的白云石里，它有什么用处。我们聚集在一间屋子里，我在听众面前摆出天青石样品，想到这里有很多人既不懂化学又不懂矿物学，感到略有些忐忑。就在这样的情形下我开始了讲话：

几千万年前，上侏罗纪的海浪冲击着高加索大山脉，海水忽而后退，忽而前进冲洗山麓，冲毁了花岗岩质的断崖，把红色细沙沉积在沿岸，这种细沙便是疗养院附近用来铺路的那种沙子。高加索山顶的河水汹涌而下，在泛滥地区和小的海湾里形成了许多大型盐湖。之后，海水向北退去，原先的沿岸地带、湖底、三角港底和浅海底都沉积了黏土和细沙，聚集起石膏矿层，有些地方甚至聚集了岩盐。较深的地方沉积了黄色白云石，基斯洛沃茨克人对这种白云石非常熟悉。到红石山山顶的著名石头台阶和一些房子就是用白云石

107

造的。

想象一下能够造出这些沉积物的大海，那时候的大海沿岸肯定是一幅绚烂迷人的生物图，就像我们今天在地中海沿岸和温暖的科拉半岛峡湾边看到的景色一样。各式各样的蓝绿色和紫红色水藻间穿插着寄居蟹，还有各种颜色的贝壳，这一切就像一条五颜六色的毯子，在悬崖底部覆盖着。海水中闪现着海胆红色的棘针，还有各种水母。

沿岸海底的石头上聚居着成千上万的小放射虫。有几种放射虫像玻璃一样透明，它们的身体其实就是蛋白石。还有一些放射虫看上去像大小不超过一毫米的小白球，后面带着个比它身体还长三倍的柄。它们有的趴在石头上，有的附在海胆的棘针上，随着海胆跑来跑去。它们就是棘针放射虫，有18～32枚针状骨片。刚开始大家都不知道放射虫的棘针是什么物质，后来才发现，这些棘针是放射虫从海里吸收硫酸锶，然后通过自身作用造出的结晶。放射虫死亡后会沉入海底，就这样聚集起了金属锶。所以，锶是被海水从大块花岗岩和白色长石中冲洗出来，然后落入高加索沿岸的海水中，最后经过放射虫的作用沉积在海底的。

如果在那个遥远的年代里不再发生剧烈的地壳运动来破坏这些沉积物的安宁，恐怕我们永远也不会想到侏罗纪的海水中曾有放射虫这种生物，化学家也想不到可以在基斯洛沃茨克采石场纯净的石灰岩和白云岩中找到锶。那个帮助了我们的便是地壳运动的爆发。熔融物质喷发出来，开始形成山脉，地缝中冒出热蒸汽，还有矿泉喷出。

高加索的矿水城地区隆起了白垩纪和第三纪岩层，出现了著名的岩盘，形成了别什套山、铁山、马舒克山。地下深处的热气浸透了石灰岩、石膏和其他盐类沉积物，地下大量的矿水形成了整片的地下海和地下河。矿水穿过那些沉积的白云岩和石灰岩裂缝，把放射虫的遗骸和其他物质溶解，等温度冷却后，其他物质结晶成用于建造房子的纯净白云岩。而锶则在这些白云岩的空隙中重新沉淀，变成了美丽的蓝色天青石晶体。

就这样，在经过了漫长岁月后，锶逐渐形成了天青石晶洞。如果有冷水经过这些晶体，晶体就会褪去颜色，闪亮的晶面也会变得模糊，这说明锶又被水带走了，它又开始了新的旅行。这便是基斯洛沃茨克天青石的历史。

其实，很多地区都会有相似的历史，凡是有大海消失变成浅海和盐湖的地方，有球形棘针放射虫死亡的地方，它们的躯体都会在这千万年里聚集变成硫酸锶晶体。有足足一圈的天青石围绕着中亚山脉，但是天青石最大的矿床还是在二叠纪的海中，那时的伏尔加河沿岸和北德维纳河流域的石灰岩里都沉积着大量的天青石。

在锶元素经历的化学变化中，在复杂的自然现象链条中，科学家们还只是抓住了个别线索和片段。作为科学家，一定要有敏锐的思维、精密的分析能力和全面的科学思想，才能看透每一种元素的旅行路线。他们需要把零星的片段整理成完整的篇章，让这些篇章告诉我们原子是怎样旅行的，它们的旅途中谁会与其结伴，以及在什么地方它们会变成稳定的晶体等。

作为一个地球化学家，应该知道原子的一切复杂途径。随随便便拿出一块晶体，就应该清楚地交代出这个晶体生成的经过，那么我们现在说得出锶原子最初的历史吗？

在宇宙史上，锶原子是在哪里生成的，又是怎样生成的？为什么在有些星体上锶的光谱线特别闪亮？在太阳光线中锶的光谱线有什么作用？锶为什么会出现在地壳表面上？又是怎么和钙一起聚集在长石晶体中呢？这些问题地球化学家还没有得到答案，同样，他们对于锶原子旅程的最后几页也没有补全。

在很长时间里，对于锶人们从来没有注意过。只有造红色烟花时才会想到用它，所以从地底开采出的锶盐不是很多。后来一位化学家为锶在制糖业上找到了用途：他发现锶与糖类可以生成特别的化合物，利用锶就可以从糖蜜中分出糖。于是各国普遍用起锶，德英两国开采出很大规模的锶矿。可后来，另外一位化学家发现钙可以代替锶分出糖，于是锶又被大家抛到脑后了。直到第一次世界大战爆发，信号弹的用量突然增加，为了高空照明和航空测量，必须使用可穿透烟雾的红色烟花。探照灯上的碳棒也需要在锶盐中浸泡。于是，锶又找到了新的位置。

后来冶金学家研究出了提取金属锶的方法，而且还发现锶和钙、钡一样，可以用来清除钢铁中的有害气体和杂质。于是黑色冶金工业也有了锶的一席之地。至于锶之后的旅程，我们还不好说，因为研究得还不够。

就这样，我对疗养院听众们的演讲到此结束了。

锡——制造罐头的金属

锡在地球上的旅程

锡，一种我们常用却很少提到的金属。比如青铜、马口铁、巴弼合金、炮铜、"意大利粉"、颜料、搪瓷等很多种物品的主要成分就是锡。

锡主要来自由地底升起的花岗岩岩浆，这种岩浆是"酸性岩浆"，其中含有大量硅石。但并不是所有酸性岩浆中都有锡。直到今天，我们也不知道锡与花岗岩之间是什么关系，为什么有些花岗岩含有锡，而另一些看起来很相似的花岗岩中却没有锡。

还有一个很有趣的问题：锡单质密度较大，属于重金属元素，但它不像其他重金属一样沉在岩浆底部，而是浮在岩浆面上，留在花岗岩体的最上层，这是为什么呢？

这个问题的答案是这样的：岩浆中溶解着多种气体，这些气体很容易逸散，其中起着很大作用的是卤素——氟和氯。锡在室温下就可以跟这两种气体化合。所以，在岩浆中，锡与氟和氯就生成了易挥发的化合物——氟化锡和氯化锡。

正是因为当时的锡是以气态化合物的形式存在的，所以它可以和硅、钠、锂、硼等元素的挥发性化合物一起向上冲到凝固着的花岗岩体的上层，甚至跑出花岗岩钻到上面其他岩石的裂缝中。到了上面后，由于环境条件发生了变化，氟化锡和氯化锡便与水蒸气进行了反应，结果便是锡脱离了氟和氯而与氧化合在一起，生成了有光泽的矿物——锡石，这便是工

111

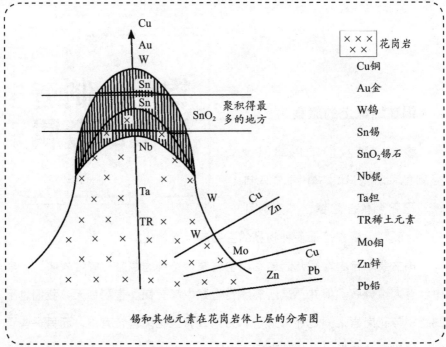

锡和其他元素在花岗岩体上层的分布图

业上提炼锡的主要原料。

在生成锡石的同时，有时也会有其他重要矿物形成，比如黄玉、烟晶、萤石、辉钼矿等。花岗岩岩浆中挥发性的氟化物和氯化物可以生成很大的锡石矿床，但不久后我们发现，这并不是锡石矿床的唯一成因。这些挥发性化合物在最后一部分花岗岩岩浆凝固的时候，也可以生成锡石。

那时，岩浆中的水蒸气已变成了液态水，可以把很多种金属硫化物（包括硫化锡）从岩浆发源地带到很远的地方。要注意，硫的作用只是把锡带出来，锡一出来，就会像之前抛开卤素一样把硫抛掉，跟氧化合，这样生成的矿物仍然是锡石。

其实，好多种矿物也含有锡，但这些矿物都比较少见，所以它们谈不上工业价值。锡石不论在过去还是现在，始终都是提炼锡的主要原料，它的主要成分是SnO_2，纯净的锡石中大约含锡78.5%。

锡石大部分是黑色或黄褐色的，黑色是因为矿石中还有铁和锰等杂质。偶尔会出现蜜黄色或红色锡石，而无色的就非常罕见了。锡石的晶体通常比较小，由于硬度大、化学性质稳定、比重大，所以在花岗岩风化时锡石不会被破坏或分散，而是与其他重矿物一起堆积在花岗岩被破坏的地方——河床里或海岸上，有时还会生成含量丰富的冲积矿床。所以锡石要么是从原生矿床中开采，要么是从次生矿床——冲积矿床中开采。

锡的独特性质

不管是用哪种方法开采锡石，首先都要进行选矿，也就是去掉锡石所含的各种杂质，然后进行 **熔炼**，从锡石中提炼出来的纯净锡是柔软的银白色金属，可延展成极薄的薄片。锡的熔点为231℃。

> 熔炼就是使用燃料中的碳把锡还原出来。

锡还有许多独特性质。它会"喊叫"，也就是说锡弯曲时会发出特别的响声。还有一个奇怪的性质，就是它对于低温非常敏感。锡一受冷就会"生病"，会由银白色逐渐变成灰色，同时开始碎裂，常常会碎成粉末。锡的这种病很严重，被称为"锡疫"。许多很有艺术和历史价值的锡器，就是因为这种"瘟疫"毁掉的。幸运的是，"锡疫"是可以治疗的。就是把那些粉末在高温下熔化，然后将其缓慢冷却。如果冷却过程做得很仔细，那么锡便可恢复原状。

在很久之前人类就认识了锡。在远古时代，正是锡有力地推动了人类文化的发展。在人们还不会熔炼铁时，就已经学会熔炼锡了。

纯净的锡过于柔软，不适宜制作用品。但若是在铜里掺上10%的锡，便可以制出金黄色的合金——青铜，青铜性质非常好，比纯铜硬，极易浇铸、锻打和加工。如果把锡的硬度定作5，铜的硬度是30，而青铜的硬度则是100~150。

青铜的这些性质使人类有很长一段时间普遍使用它，考古学家甚至为此划出了一个时代，叫作青铜器时代。那时候的劳动工具、武器、生活用品和装饰品主要都是青铜材质。我们还不知道当时的人们是怎样发现这种合金的，但可以假设，当时人们一再地熔融混有锡的铜矿石，最后终于注意到了铜与锡混熔的结果，就这样慢慢研究出了这种合金的用途。

考古学家挖掘古人住过的地方，时常会在各种古物里发现青铜制品——日用品、铜币和铜像，这些埋在地底的铜器都没有被损坏。不过要想确定这些铜器是当地造的还是由别处传来的，则还需要进行化学元素分析才能确定。

古人还不具备提纯出高纯度金属的技术，但我们利用现代精密的分析方法，可以将器皿中的多种微量杂质检查出来。知道有哪些杂质后，我们便可推测出古人是在什么样的矿里开采出来的铜和锡。如果考古学家可以证明某一件青铜器就是从它出土的地方制得的，那么地质学家就应该立刻去这个地区勘探锡矿。这样很可能找到被人遗忘的旧矿。

到了后来，铁器时代接替了青铜器时代，但青铜也并未失去价值。人们依然会使用青铜制造艺术品、硬币、钟和大炮。锡跟铅、锑等金属也可以制成性能优异的合金。合金是现代技术的奇迹，两种或多种金属熔合在一起，这些金属原子通过改变搭配方式便可以产生各种"奇迹"，科学家对于这种现象给出了解释：

> 合金之所以具有它所含的金属所不具备的性质，就是因为合金内部的分子结构发生了改变。比如，由柔软金属熔合的合金硬度常常都会变大。

锡与铅的合金叫作巴比特合金，在巨大、精密的仪器和机床中，如果有需要快速旋转的钢轴，那么这种钢轴就需要由巴比特合金制造。这种合金也叫作"减磨合金"，因为它的摩擦系数很低，不易磨损。所以这种合金在技术上的意义是很大的，它可以在很大程度上延长机器的使用期限。

锡可以"焊接"其他金属，还是印刷业中"活字合金"的主要成分。白色氧化锡粉末被叫作"意大利粉"，可以用来摩擦白色或多色的大理石，将大理石表面打磨得像镜子一样。这是其他物质做不到的。各种各样的锡化合物都被广泛用于化学工业、橡胶工业和印染工业。可以给毛和丝染色，还可以制造搪瓷、釉药、有色玻璃等。

至于锡在军工上的重要意义，则更不必说了。最早发现的锡矿床位于亚洲，在欧洲的不列颠群岛南部也有发现。那时候这些岛甚至被称为"锡石群岛"。锡石这个名字很早就有了，古希腊诗人 荷马 就曾在《伊利亚特》里用锡石代表锡。应该注意的是，英国康沃尔半岛的锡石是和黄铜矿产在一起的，所以只要将这种矿石熔炼就可以得到青铜。

> 荷马（公元前9～前8世纪），古希腊盲诗人，代表作长篇叙事《荷马史诗》分为《伊利亚特》和《奥德赛》两部分，在很长时间影响了西方的宗教、文化和伦理观。

锡的产地

现在，锡的主要产地是在马来半岛，那里锡产量大约占全球的50%。在马来半岛，已知锡矿就有200多处，有的是存在于花岗岩中，有的则是含量丰富的冲积矿床。

开采冲积矿床的方法是利用水力：水力冲洗机向锡砂喷射冲击力很强的水柱。之后，那些混合着各种矿物的泥浆就会流向特别的沟渠，当地工人会站在沟渠中用力搅拌这些泥浆。沟渠出口处有一道门槛，由于锡石比重大，所以会被门槛拦住，最后工人们会把这些沉积的锡石铲出运走。这样开采出的矿石含锡石量是60%～70%，需要运到工厂进一步精制。

为了争夺锡资源，有些国家一直进行着激烈的斗争。第二次世界大战

期间，日本把亚洲大陆和岛屿上的锡矿，还有新加坡的炼锡工厂抢到手，就是为了满足自己和希特勒德国军事工业上的需要，并且使英美两国丧失这种重要的战略金属来源。

打开世界地图就可以看到：含锡花岗岩和锡矿以及钨矿和铋矿，在太平洋沿岸分布成一个条形地带。这条带子由南向北经过勿里洞岛、邦加岛、新克浦岛、马来半岛、泰国、中国南部。

这个条形带里有丰富的锡矿和其他化合物，但对于这种条形带形成的原因，科学家们还不知道。除了马来半岛，南美洲玻利维亚的锡石储量也很丰富。

全世界年产锡量的一半都用于制造马口铁片。随着罐头工业的发展，马口铁片的需求量急剧增加。马口铁片到底是什么东西呢？它是涂上薄层锡的铁片，这层锡只有1%毫米厚。铁片涂上锡可以防止铁生锈，而且纯锡不会溶在罐头中的汁液里，所以对人体健康几乎没有危害。铁上涂任何金属都不如涂锡好，铁涂上锡，性质最稳定。

锡在度过了它的"青铜器时代"后，终于迎来了它的"罐头时代"。

碘——到处都有的元素

矛盾的碘

碘酒是大家都很熟悉的东西吧。手指划破后就会涂一些碘，最早是混合着牛奶的红褐色碘滴，后来发现碘酒效果更好。但碘到底是什么东西，在自然界中它的命运如何，对于这些问题的答案，我们所知道的真的很少。

很难再找出一种比碘更难琢磨、更矛盾的元素了。我们对于这个元素知之甚少，对于它的地球旅行史中最主要的环节非常不了解，也不知道它到底是怎么出现在地球上的。

对了，伟大的俄罗斯化学家门捷列夫早就知道碘的这种讨厌个性。当他按照原子数递增的规律排列元素时，碘和碲破坏了这个规律：碘的原子量比碲小，但碘却排在了碲的后面，直到现在还是这样。在当时，几乎只有碘和碲破坏了门捷列夫周期表的严谨性。虽然，现在我们说得出为什么这样排，但许多年来，大家始终都觉得这是个例外，并且有人好几次因为碘和碲的例外批评门捷列夫是在随意地排列元素。

纯净的碘单质是有紫黑色金属光泽的灰色晶体。可若是将碘晶体置于玻璃瓶中，很快就能看见瓶子的上部有紫色蒸气出现：固态碘可以不经液态，直接升华。这是碘的第一个矛盾。

第二个矛盾是碘固体与蒸气均为紫色，而大多数碘的盐类却是无色的，看上去像是普通的食盐，只有少数几种碘盐略带黄色。

碘还有另外一个秘密。据地球化学家统计，地壳中碘的含量只占地壳重量的千万分之一至二，所以碘是很稀有的元素。可地球的每个角落都有碘，我们甚至可以说：如果使用最精密的测定方法去分析周围存在的碘，那么没有一个地方是不存在碘原子的。

不论是坚硬的土块和岩石，还是最纯净的水晶或冰洲石，其中都含有相当多的碘。海水中含有大量的碘，碘在土壤中的含量也不少，它在动植物包括人体内含量更多。我们从空气中汲取碘，空气也是饱和着碘的；我们又通过食物摄取碘，没有碘我们便不能存活。

那么，问题来了：

为什么到处都有碘？

这么多的碘是从哪儿来的？

这种元素是从地下多深的地方跑出来与我们相遇的呢？

哪怕是用最精密的探测技术，我们都没发现它的神秘来源。不论是火成岩的深处，还是熔融的岩浆中，我们都没看到一种碘的矿物。

地球化学家推测碘的来源是这样的：

早在地质史前，当地球刚包上一层坚硬外壳时，各种易挥发物质的蒸气，包括熔融岩浆中的碘和氯，形成浓密云层包裹着当时灼热的地球。水蒸气凝结成水流时，碘和氯被水抓了过去。最初的海洋便是这样从大气中得到碘并将其储存起来的。

碘的分布

我们还不能肯定碘的来源到底是不是这样，也不知道碘在地球表面的分布情况。在北极地区和高海拔地区碘比较少，在低洼地区和临近海岸的岩石中比较多，沙漠中更多一些，而在南部非洲和南美洲的沙漠所产的各种盐里，我们更容易发现碘。

碘分子可以分散在空气中。据计算，空气中的碘含量是随海拔高度的改变而改变的。碘在莫斯科和喀山空气中的含量，要远远多于在海拔4千多米的帕米尔和阿尔泰山的空气中的。

不仅地球上有碘，来自宇宙空间的陨石中也发现了碘。科学家想用最新的方法研究星体大气中的碘，但没有成功。

海水中的碘含量很高：每升海水含碘2毫克。在靠岸处和海湾里，海水渐渐浓缩，于是盐就在那里积存下来，就像一层白毯子铺在平坦的岸上。黑海沿岸的克里木和中亚许多湖泊中，都有这样堆积起来的盐，但这些盐中却没有碘，大部分碘已挥发到了空气中。不过，有一部分碘还留在底部，留在淤泥里。所以，凡是钾盐和溴盐集中的地方，碘盐是几乎找不到的。

碘的应用

在盐湖和海的沿岸生长着许多植物，包括各种水藻，密密麻麻地覆盖在沿岸的石头上。在生物化学的作用下，碘在这些水藻中聚集起来。每吨水藻都含有几千克的碘。在某些海绵体中碘含量甚至更高，达到了自身重量的8%～10%。对于太平洋沿岸的情况，科学家研究得很透彻。主要是因为每年秋天，海浪都会送给沿岸30多万吨的海藻，这么多海藻含有几十万千克的碘。人们把这些海产捞起来后，留一些作为食物，而把剩下的

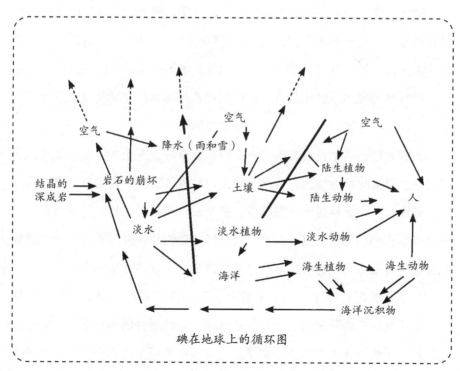

碘在地球上的循环图

燃烧，从中提取碘和钾碱。

说到这儿，地壳中碘的历史还没讲完。含石油的地下水中也有碘，巴库附近就有这些地下水形成的湖，俄国就是从这种水里提取碘的。某些火山有时也会从地下深处喷出碘来。碘在地质史上的命运是如此的复杂，所以要想为这个原子画出一幅完整的生活旅行图，确实是太难了。

人们一旦获得碘，一个新的谜题就随之产生了：我们使用碘消毒杀菌防感染，可碘又特别毒，碘蒸气会刺激人体黏膜，这是为什么？过多的碘不论是液体还是固体，都会毒死人。但缺碘，人也会失去健康。人体内含有一定量的碘，而且在缺碘的某些地方，人们还会患一种叫作甲状腺肿的病。高山地区的居民常患此病，而且在高加索中部和帕米尔一带的某些村落，这种病也常出现。人体对于碘是很敏感的，空气和水中缺少碘，会很快影响到人体健康。甲状腺肿的治疗方法便是服用碘盐。

碘在工业上的应用也越来越广泛。一方面，是因为发现了碘与有机物的化合物，这种化合物可以制成防止X射线透过的装甲，要是把这种化合物注入人体，那么就可以把人体组织内部清晰地照出来；另一方面，人们将一种特别的呈细小针状晶体的碘盐加进赛璐珞里，发现制成的东西可以阻止所有方向的光波透过，生成了所谓的偏振光。

苏联时期，科学家们造出了一些特别贵重的偏振光显微镜，之后由于赛璐珞加碘盐材料的发现，造出了优良的放大镜，可以完全替代显微镜。在野外勘探时，这种放大镜很好用。把两三片偏振片配好去看东西，可以把各种东西的色彩看得清清楚楚。我曾经转动两片偏振片去看太阳光照着的壁毯，发现太阳光谱的所有颜色在快速变化，真的好看极了。

如果把偏振片装在汽车玻璃窗上，夜间在有路灯照明的街道上行驶时，就不会被迎面开来的汽车灯晃了眼睛。在偏振片的作用下，再大的灯光在你眼里也只是两个小点儿罢了。还有，在夜空中飞翔的飞机，用降落伞投下含镁的照明弹，在照明弹的光照下，就能在飞机上用偏振片看清地面的情况。大家可以看看，碘元素是多么有用啊！

而且碘的发现过程也很有趣。在1811年，一个名叫库图阿的法国药剂师本来是想利用植物灰制造硝酸钾的，却无意中发现了碘元素。碘的发现在当时并没有引起科学界的注意，直到100年后，库图阿才得到应有的评价。

说了这么多，其实我们对于碘的命运、旅行路线还是存在很多疑问的，我们还需要对其深入研究，才能搞明白碘的所有性质。

氟——腐蚀所有的元素

科学家应该怎样工作

在我编写这本书时，我想单开一篇讲氟元素；可是要开始动笔了，我却发现自己从来没研究过氟和氟的化合物，也从来没对氟矿物在工业上的用途产生过兴趣，所以很难编写这一篇。我只好去翻自己之前写过的关于地球上各种化学元素的短文，我找到了不少资料，根据这些资料我编写了这一篇的内容。

达尔文（1809～1882年），英国生物学家，进化论的奠基人，代表作《物种起源》。

达尔文在他的自传里提到过科学家应该怎样工作。他说，科学家不需要记住一切，每一个有趣的现象以及每一个来自书本的有用的知识点，都应该分别记在小卡片上，至于每一本涉及他所研究的课题的书，则应该先摘录再分类放到书架上。达尔文不认为科学

家要有一个面面俱到的书库。他是先自己提出这几年里需要解决的问题，然后为每个问题几十次地搜集资料，往往一个问题的材料就占据了书柜子中的一格或两格。几年甚至是十年后，他才能积累起关于之前所提问题的大量事实材料。他把这些书籍材料汇集起来，然后按照逻辑顺序编写成各个章节，正是这些章节内容组成了现代生物科学的基础。

按照这种方法编写书籍和专题论文是十分方便的，早在20年前我就开始模仿达尔文，先为自己的著作准备好材料和书籍。我与自己的大书库道了别，将它交给了科拉半岛的希比内研究站，我手里只剩下最近这段时间里与要解决的问题有关的书。这些问题里有一个大问题，就是要写一部化学元素的历史，可以说出任意元素的原子在宇宙和地球上的旅行路线以及元素性质。

关于氟的五段记录

当我开始写氟这一篇时，我就从书夹子里找到了关于"氟"的五段记录。现在就按照原来的样子写出来让大家看看。

第一段

我非常想去看看著名的外贝加尔矿床，有人从那里为我带来了黄玉晶体（黄玉是一种瑰丽珍贵的氟矿石），也带来了各种颜色的萤石晶体以及不同颜色的晶簇，萤石是一种工业原料。终于，我们坐着火车来到了满洲里车站。

车站边停靠着一辆马车，我们坐上马车顺着外贝加尔南部的草原跑去，繁茂的鼠曲草像密织的白毯子铺在广袤的草原上。我们沿着斜坡向山顶走去，越往前，呈现在我们眼前的景色越美好。浅黄色的、浅蓝色的和蓝色的黄玉就是从这里的一个个露头花岗岩里开采出来的；我们看见伟晶花岗岩的空洞——晶洞里有漂亮的八面体萤石晶体，那是氟和钙的化合物。

让我们感到特别惊讶的是，一
个小山谷里有产量极其丰富的萤
石矿床。这里没有由灼热花岗岩
水溶液冷却时沉淀出的单个晶
体，而是大量聚集的有各种颜
色的萤石，比如粉红色、紫色和白
色，它们在西伯利亚东部的阳光下
闪闪发光。

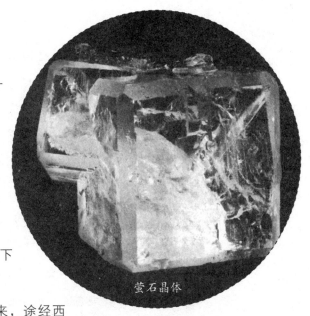

萤石晶体

矿工将这种贵重矿石开采出来，途经西
伯利亚全境，运送至乌拉尔、莫斯科和圣彼得堡的冶金工厂。我仿佛看见
了气体从地下深处的熔融花岗岩里喷出来的场景，其中的挥发性氟化物聚
集成了萤石，这种萤石的形成反映了地下深处的大块花岗岩缓慢冷却过程
中的一个阶段。

说到这里，我想起了关于这种萤石的另一幅历史图画。旧矿物学上曾
经讲过萤石色调是多么的优美，而且用萤石可以制作一种叫作萤石瓶的花
瓶。还有，英国专门开设了一个部门进行萤石加工工业，他们的很多作品
都被博物馆收藏了。

最后，发生在莫斯科近郊的一件事又浮现在我的脑海中。

那时，我在莫斯科市第一国民大学担任矿物学讲师：

在一次课上，我给学生们出了一道题：鉴定莫斯科市周
围的矿物。那些矿物中有一种名叫拉托夫石的紫色石块，是
1810年在莫斯科省韦列亚县的拉托夫山谷找到的。这种矿物
在石灰岩中生成一大片紫色的矿层。

123

在伏尔加河支流，也就是奥苏加河和瓦祖泽河沿岸，有整片的暗紫色立方晶体，也就是拉托夫石。我们取出这种紫石块进行研究，发现原来它是纯净的氟化钙，也就是之前所说的萤石。这种紫色石块数量繁多，在石灰岩里生成的矿层又那么整齐，很难说它像外贝加尔产的黄玉一样是由熔融花岗岩里喷出的气体生成的。

这种紫色萤石的沉积层和莫斯科地带的基础——古代花岗岩之间隔着2000多米，之所以在伏尔加河支流沿岸会聚集起这种萤石，一定存在有别的化学因素。在卡尔宾斯基院士的帮助下，人们搞清了这种岩石的来源，原来拉托夫萤石与古代莫斯科海的海底沉积物有关，这种萤石是在生物作用下聚集产生的，这些生物包括海生贝类，特别是在那些石灰质贝壳的细胞里含有结晶的氟化钙。

第二段

这是参加丹麦首都哥本哈根国际地质学会议时的一篇简短日记。大会闭幕后，我们参访了著名的位于哥本哈根的冰晶石工厂。

那些雪白的像冰一样的冰晶石是从天寒地冻的格陵兰山顶上运来的。当地大规模地开采冰晶石，然后装船运送到哥本哈根。

人们会先把这些冰晶石运到专门的工厂中，从这种矿石里提炼出其他诸如铅、锌、铁的矿石，剩下的洁白粉末则会作为炼铝的熔剂：这种白粉末会被装在特别的箱子里运到化学工厂，然后把这些粉末和铝矿石一起放在电炉中熔化，炼出来的闪着银光的熔融金属会流进事先准备好的大槽中，这种金属就是铝。

　　巨大的发电装置会让大河和瀑布潜在的能量变成电能，然后用冰晶石熔融氧化铝以制出纯铝。

　　虽然，早已用人造的氟化铝和氟化钠复盐代替了天然冰晶石，但从成分上来说，那些人造复盐依然是冰晶石。

第三段

　　我要写的是在景色奇丽的塔吉克斯坦湖畔矗立着一些险峻的峭壁上的发现。在这些峭壁上，我们发现了纯净透明的 萤石 片。这种萤石透明到可以用来制造显微镜镜头和其他精密仪器。

> 　　光学上用的萤石是一种特别娇嫩的矿物：它不但会震碎和碰碎，就连温度激烈改变也会破碎。即使水的温度和空气的温度相差只有几度，如果把它从空气里放进水里，它也会产生裂纹，这就失去了它在光学上的宝贵性质。

　　我们实在是太需要这种透明的萤石了，所以派了勘探队到这个悬崖上去。我们读了这个勘探队的报告，看到他们在致密石灰岩中开采透明萤石时所遇到的种种困难时，真的很为他们的努力感动。他们经过长期劳动凿出了一条通向悬崖顶端萤石矿床的小路。可要想把一块贵重矿石运到下面湖边的村子里，却是很困难的。开采出这种矿石的塔吉克人是用双手把这些石头一块一块传递下去的，这种珍贵的石块运下来后，会用软草包好装在箱子里，再驮着运到撒马尔罕。苏联光学仪器工厂就是因为得到了这种异常洁净的萤石，才造出了全世界最好的光学仪器。

第四段

在捷克某疗养地休养时，我们受邀去参观附近的一座玻璃工厂。我们看到了规模巨大的制造大块镜玻璃的车间：有的车间可以制造高级的精制玻璃，用稀土元素的盐类和铀盐染成各种颜色。最好玩的是雕刻美术画的车间：

- 用最纯的玻璃材料制成花瓶，并在瓶子周围涂上一层薄薄的石蜡，雕刻家会用刀具在石蜡上刻出复杂的图画，比如森林逐鹿图。
- 复制这个模型，用特别的仪器描出图画的轮廓，有间大房子里放着几十个涂好石蜡拥有相同图画的花瓶。
- 把这些花瓶放进特制的用铅衬里的炉子内，把气体状态的有毒氟化物通进炉子里，氟化物会腐蚀花瓶上未涂蜡的部分，受腐蚀的表面成了毛玻璃。
- 把腐蚀后的花瓶放在热酒精或水里以融掉石蜡，这样就得到了细致漂亮的图画花瓶。
- 用特别的刻刀把某些地方再修整一下就大功告成了。

第五段

最后一段是在关于氟及其矿物的记载中。我找到了大学化学讲义中的一段摘录：

我要写的氟在常温常压下是气体状态，味臭，化学性质活泼，几乎可以与一切元素化合，同时产生大量的热或爆炸，氟甚至可以与金化合。1771年舍勒发现了氟元素，但在1886年才制得纯氟。

氟的用途

大家在氢氟酸的盐类中最熟悉的是氟化钙。那是一种色彩绚丽的矿物，叫作萤石，它很容易熔化金属矿石。但在自然界里氟还广泛地分布在另一些化合物中，比如磷灰石中氟含量达3%。

在地球化学史上，氟是由熔融花岗岩中喷出的挥发性物质生成的，但也有少量氟是由有机物聚集成的海洋沉积氟化物。块状萤石可用来制造光学玻璃，与普通玻璃不同，光学玻璃可以透过紫外线，而且色彩美丽的萤石可以做成装饰品。但萤石的主要用途还是用于帮助熔融金属矿物，以及制取氢氟酸。氢氟酸有很强的腐蚀能力，既能侵蚀玻璃，又能侵蚀水晶。冰晶石其实是氟化钠和氟化铝的复盐，可电解冰晶石制铝。

在植物和其他生物的生活中，氟的作用也很大，氟是生命必需的微量元素。海水中的氟一部分是在生物作用下（贝壳、骨骼、牙齿）聚集起来的；另一部分含在碳酸盐，特别是磷酸盐（纤核磷灰石）里。每升海水含

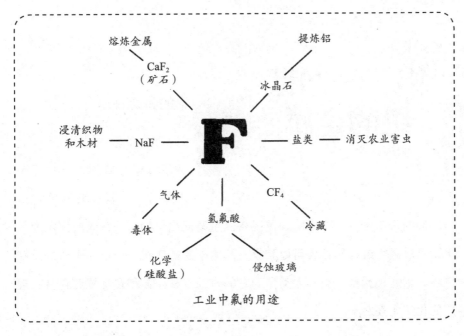

工业中氟的用途

氟1毫克，牡蛎壳含氟量是海水含氟量的20倍。

之后，根据元素周期表，科学家们分析了氟化物的性质，发现了氟的新用途，那就是用氟合成一种特别的物质，就是四氟化碳。四氟化碳无毒，和空气混合性质稳定不会爆炸，而且升华时可以吸收大量的热。所以，四氟化碳可用于特殊的冷藏库中。还有，需要指出氟里昂其实是氯氟碳化合物（氟氯代烷），导致臭氧层分解的是氟里昂因光解产生的氯自由基，而非氟原子，所以，一些制造商所打的"不含氟"口号容易造成"氟元素破坏臭氧层"的观点是一种误解，其中的"氟"应为含氯的"氟里昂"。

这便是我在书夹子中找到的5段内容。这一篇仿佛已经将氟这一奇妙元素差不多讲完了，其实氟的用途要比这里说的复杂广大得多。对氟的研究还不是很透彻，氟的复杂化合物有很特别的性质，对此还有许多值得研究的地方。至于将来氟的用途会有多广泛，这些我们还很难说。

铝——20世纪的金属

铝的特殊性质

铝是最有趣的化学元素之一。之所以说它有趣，不只是因为在短短几十年里，它飞快地进入我们的日常生活，在影响国民经济的重要部门里拥有非常大的影响力，也不只是因为这种轻金属可以和镁一起用于制造飞机，而是在于它的特殊性质。铝这种元素，虽然人类认识它的时间不长，却是最重要而且分布最广的化学元素之一。

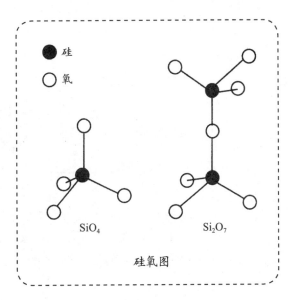

硅氧图

我们大家都知道，不同时期，在岩块风化破坏而生成的黏土和沙子的下面，有一层包着地球的岩石地层，也就是我们常说的地壳。这个地层厚度大约为17千米，其中大陆地壳厚度较大，平均为33千米。高山、高原地区地壳更厚，最高可达70千米。平原、盆地地壳相对较薄。大洋地壳则远比大陆地壳薄，厚度只有几千米。从地壳深入下去是地幔，再下去就是地核了。大陆或洲，其实就是地表岩石生成的巨大凸出部分。而在突出大陆上隆起的褶皱就是长条山脉。这层构成大陆和山脉的地壳主要成分是硅酸盐和铝硅酸盐，所以也称地壳为"硅铝层"。

硅铝层的主要组成部分是花岗岩。从重量上来看，其中氧含量大约为50%、硅为25%、铝为10%。由此可知，在所有化学元素中铝在地壳中的分布量占第三位，而在金属元素中铝占第一位。在地球上铝比铁还要多。铝、硅、氧是最主要的地壳元素，这3种元素在地壳中生成了多种矿物。这些矿物中原子的排列都遵循四面体规则：

一个硅原子或一个铝原子在四面体中心，而4个氧原子则放在4个角上。

可见，有硅氧和铝氧是两种四面体，铝在这些四面体中有两种作用：

- 分布在各个硅氧四面体中，把这些四面体连起来。
- 在某些四面体中占着硅的位置。

129

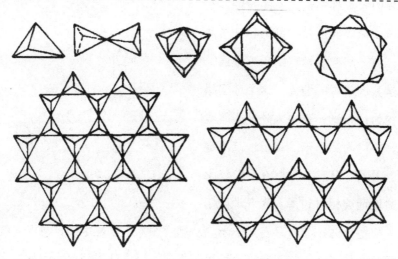

铝和硅四面体搭配出的模型

硅氧四面体的不同搭配方法：单个的四面体，沙漏状、环状、链状、带状四面体，由六环齿轮状四面体连成的平网。

搭配的结果是生成了地壳中的多种重要矿物，这些矿物统称为铝硅酸盐。猛一看，铝、硅和氧原子排列成的复杂图形像是精细花边或像毯子的花纹，必须使用X射线才能确定矿物内部真正的结构。想想我们小时候玩耍时，石头好像就是那么个呆板样子，从来没觉得它有趣过，可现在，当我们可以钻进它的内部观察结构时，才知道石头的"内心"是多么繁复。

铝的分布

有些铝硅酸盐分布得很广，比如长石，地壳中一半以上的矿物都是长石。花岗岩、片麻岩和其他某些岩石中都有长石的存在，这些岩石就像石头甲胄似的覆盖在地球表面，而且还在某些地方隆起了高大的山脉。因为随着时间的流逝，长石会不断地风化，因此地面上渐渐堆积起了大量的黏土，铝在黏土中含量高达15%～20%。

地面上处处有黏土，而铝又是从黏土中发现的，所以有一段时间称铝为"黏土素"。黏土成分复杂，从其中提取铝是很困难的。后来发现矾土是铝和氧的天然化合物，所以将"黏土素"这个名称改了一下，称氧化铝为矾土。

氧化铝在自然界中有多种形态。不同矾土的透明度不同，这是因为矾土中除了含铝、氧之外还混有极微量的带色元素——铬、铁、钛，这类有色矾土都是非常漂亮的宝石。看看那些色彩鲜艳的红宝石和蓝宝石，从很久之前就使人类迷恋。

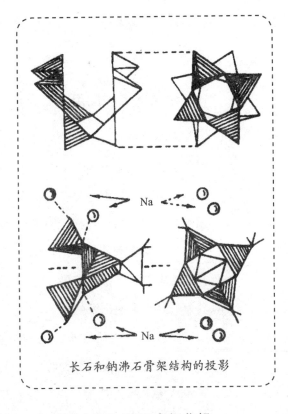

长石和钠沸石骨架结构的投影

关于这些宝石，产生了不少的神话。自然界中有一种无水氧化铝（Al_2O_3），这种矿物叫刚玉。硬度只比金刚石低一点儿，有的刚玉色彩很美丽。其实，人们很早就会使用不纯净的、褐色的、灰色的、浅绿色的、浅红色的刚玉晶体了。利用刚玉可以加工各种坚硬材料，包括刀具、武器、机床和各种闪亮的钢。在刚玉晶体中掺杂一些磁铁矿或其他矿物就变成了大家很熟悉的"金刚砂"。

从刚玉中提取金属铝很方便，但刚玉价格太高产量又低，所以从刚玉中提炼铝成本太高。从石器时代到现在，人们一直在使用花岗岩、玄武岩、斑石以及其他硅铝酸盐岩石，利用它们建造房子、制造艺术品和器皿、烧制陶器。但几千年来，人们从来没意识到这些石头中藏着的金属铝，也没想到铝所具有的奇异性质。因为在自然界中铝总是以化合态的形

式存在，从来没有出现过单质铝，而且这些铝化合物的性质和形态与单质铝完全不同。

铝的提炼和应用

人们是在漫长的试验后，终于得到了这种奇异的金属，并为这种金属赋予了生命力。大约在125年前，有人提炼出了少量闪着银色光泽的金属铝。但当时没人思考过它会在人类生活中起什么作用，更何况制取又那么困难。可到了19世纪初，许多科学家摸索出用电解的方法来制铝，并取得了成功。科学家们把铝化合物高温电解熔化，最后发现铝能在阴极上析出并被掩埋在一层渣滓下面。这样提炼出来的铝是纯净的银色，所以当时称其为"黏土里提出来的银"。

现在，大家已经不用通过从黏土中提取纯净氧化铝然后再提炼铝了。而是通过自然馈赠给我们的另一种铝矿石——铝土矿来制铝。铝土矿其实是含水的氧化铝、氧化铁以及二氧化硅混在一起生成的黏土状或石头似的矿层。而其中的含水氧化铝（矾土的水化物）包括一水硬铝石和三水铝石两种矿物。铝土矿中含有高达50%～70%的氧化铝，是工业制铝的主要原料。

金属铝的炼制需要两步：

●第一步是对铝土矿进行复杂的处理，从其中提取出纯净的无水氧化铝。

●第二步是将氧化铝放入特制电解槽中进行电解，详细来说就是把氧化铝粉末与冰晶石粉末混合好放入电解槽中，这个槽里已提前放置好石墨板。

然后通入电流，槽里产生大约1000℃高温，冰晶石熔化，氧化铝也就溶解在冰晶石中。之后，在电流作用下氧化铝分解成氧气和铝。由于通电时，石墨板是作为阴极，所以熔融铝单质便会在阴极聚集。槽底已预先制出可开关的出口，所以铝便可流出电解槽进入模型，冷却后，铝便在模型里凝固成银色铝块。

100多年前制取这种银色轻金属还是一件非常困难的事，所以那时1磅铝价值40个金卢布。但现在已可以利用水力发电大量制取铝了。

铝是一种密度很小的金属，同样体积的铝重量只有铁的$\frac{1}{3}$。铝的延展性很好，而且很结实，既可以抽丝，还可以压片。

铝的化学性质很奇特。一方面，感觉铝不怕被氧化，比如我们以前会用到的铝锅；但另一方面，实验已经证明铝很容易与氧化合，这好像是互相矛盾的。后来，经过研究，我们发现银色的铝刚炼制出来放在空气中便会蒙上一层无光泽的氧化铝薄膜，这层薄膜致密而有弹性，隔绝了空气对内层铝的进一步氧化。并不是每种金属都有这种自卫能力，比如铁，它的氧化物铁锈非常松脆，空气与水极易透过，所以铁锈丝毫不能阻止空气对铁的进一步破坏。

铝受热与氧气激烈化合生成氧化铝的同时会放出大量的热。科学家们便利用铝的这个性质从其他金属的氧化物中提炼那种金属。而铝在其中起的作用是夺取这种金属氧化物中的氧，使这种金属被还原出来。

把氧化铁粉末与铝粉混杂，然后用镁条点燃这种混合物，你会看到氧化铁与铝之间剧烈的反应，这时候温度会高达3000℃。在高温下，被铝还原出的铁被熔成液态，氧化铝则像渣滓一样漂在铁上面。这种方法叫作铝热法。

133

人们常用这种方法制取某些难熔但很有技术价值的金属，比如钛、钒、铬、锰等。

除了提炼金属，人们还学会了利用铝热法过程中所发出的热量来焊接钢铁。就是把氧化铁和铝的混合物，也就是铝热剂，放在两段铁轨之间，点燃铝热剂，然后就能看到液态铁流向两段铁轨并将它们焊接在一起。像铝这样在短时间内发展起来的元素真的不多！

很快，铝进入了汽车工业、机器制造业等工业部门。它在很多地方代替了钢铁，比如，军舰制造业因为铝发生了大变革，人们利用铝制造了"袖珍战舰"（这种战舰只有轻巡洋舰那样大，但是有大型战舰的威力）。

铝还帮助人们征服了天空。人们使用铝或铝合金制造坚固的飞艇、机身、机翼。看见天空中的飞机，我就会想起，不算发动机，飞机69%的重量是铝和铝合金，而且就算是发动机，铝和镁这两种轻金属也占了25%的重量。

铝对重工业来说也非常重要。有些火车车皮几乎全用铝来制造，而且为了制造铝丝和电气工业中的零件，每年需要使用几十万吨铝。

但这都不是这种金属的全部用途。

探照灯上的反射镜、炮弹和机关枪子弹带上的重要零件、照明弹、燃烧弹等物品中均有铝的身影。我们还可以想想人造结晶矾土（电刚玉、刚铝石）的意义，这种物质都是用铝土矿制造的。可做磨料，主要用于金属加工。

在纯净氧化铝中掺上少量染色物质然后让它结晶，我们就可以得到漂亮的蓝宝石和红宝石。这种宝石硬度很大，所以主要是作为精密仪器中支撑重要部分的"钻"。比如钟表、天平、电流计等。

我们还可以把铝粉涂在铁表面，这样便可以得到不会生锈的铝铁片。细铝粉还可以用于制造漂亮的石印油墨。就是在木板上涂上油，然后把铝粉撒在板面上。这样，板面上就形成了闪着银色光泽的底子，在这个底子上艺术家就可以画出繁复的花纹了。

铝的性能非常优异，用途也是非常广泛，而且储藏量很高。所以称铝是20世纪的金属一点儿都不为过。

铍——未来金属

铍在地球上的旅程

对古罗马历史感兴趣的朋友应该都了解暴君尼禄这一人物。曾经贵为皇帝的尼禄因为自己的恐怖统治、骄奢残暴，最后落得个自杀身亡的结局，令人唏嘘。曾有记载，这位皇帝喜欢隔着一大块祖母绿晶体看竞技场中角斗士的角斗。他因为想扩建自己的宫殿，下令焚烧罗马，大火肆虐时，他隔着祖母绿看喷射的烈焰，火焰的红色与石头的绿色交融在一起，像诡异的黑舌头，这位暴君竟感到非常高兴。

对于那些还不知道金刚石存在的古希腊和古罗马艺术家来说，他们要想对一个人表示尊敬，就会留下这个人的头像做永恒纪念，那么他们便需要来自非洲努比亚沙漠的祖母绿作为雕刻材料。

自古以来，印度人对祖母绿和金黄色的金绿宝石同样看重，金绿宝石产自印度洋斯里兰卡岛的沙地中。除了金绿宝石和祖母绿，他们同样喜欢黄绿色的绿柱石，还有似海水颜色的蓝宝石。之后，人们发现了一种稀有矿物，叫作蓝柱石，珠宝商也叫它"娇柔的蓝水"。还有一种火红的硅铍

石，这种宝石在阳光下只要几分钟就会褪色。

这些宝石因为色彩美丽、光芒耀眼、色调纯净，很早就引起了人们的注意。

早在2000年前，埃及艳后 **克利奥帕特拉七世** 就派人去努比亚沙漠蜿蜒难走的地道中，在那些有名的矿坑里挖掘绿柱石和祖母绿。后来，骆驼队把这些来自地下深处的绿石头运送到红海岸边，从海路运走。就这样，这些宝石就落到了印度王公、伊朗皇帝和土耳其帝国统治者的宫殿里了。

> 克利奥帕特拉七世（公元前70～前30年），通称为埃及艳后，是古埃及托勒密王朝最后一任女法老。

发现美洲新大陆后，欧洲人得到了产自那里的祖母绿，这些暗绿色的宝石颗粒大、色彩美。于是，16世纪大量祖母绿从美洲被运送到欧洲。秘鲁和哥伦比亚出产绿柱石，印第安人把绿柱石开采出来运到祭坛那里供奉女神，他们会用鸵鸟蛋那么大的绿柱石晶体代表女神圣像。之后，西班牙人在与印第安人进行了残酷斗争后，劫掠了这些财富。西班牙人还劫掠了哥伦比亚当地居民的寺院。但因为哥伦比亚的宝石矿床在崎岖难走的山地中，所以那些侵略者在很长一段时间里没有找到宝石。之后，西班牙强盗们还是找到了宝石的矿坑并将其据为己有。到18世纪末，这些矿坑中的宝石就被开采完了。

在18世纪，炎热的巴西沙地开采出色彩动人的海蓝宝石。这种宝石有着海水般迷人的颜色，颜色变幻无穷，就像俄国南部大海的颜色一样。要是你们在黑海沿岸住过或欣赏过画家 **艾瓦佐夫斯基** 的著名油画，你就会清楚我所说的那种颜色。

> 艾瓦佐夫斯基（1817～1900年），亚美尼亚裔俄国画家，以海景画著名。

1831年，生活在乌拉尔的一位名叫马克辛·科热夫尼科夫的农民正在树林中收集枯树，当他掘起一棵树的树根时，俄国的第一颗祖母绿被发现了。

世界各地的祖母绿矿坑被开采了上百年。浅绿色的绿柱石被整车地运出去，只有鲜蓝色的才被拿来雕琢，剩下的则被扔掉。

这便是这种绿色宝石的过去，早在公元前几百年，人们的历史中便有了它的身影。这便是一种未来金属的开端，它的名字是铍。

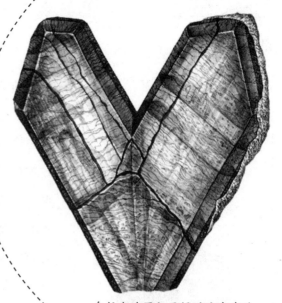

乌拉尔地区祖母绿矿坑出产的
双头绿柱石晶体的剖面图示

科学家对铍的研究

其实，很早之前，就有化学家想研究清楚那些绿宝石的化学成分，但是因为检验技术和化学手段有限，谁也没有得到新的发现，反而错认为这些宝石就是普通的矾土化合物。直到1798年2月15日，法国科学院举办了盛大的科学大会，大会上化学家 **沃克兰** 宣布了惊人的消息。他说，一向被认为是矾土的许多矿物，实际上含有一种从未被发现的元素，他将这种元素命名为"铬"，在希腊文中这个名字的意思是"甜味"，因为他尝过这种元素的盐类，发现都是甜的。

这个消息很快传到了其他化学家的耳中，他们做了很多分析，终于证实了沃克兰的研究结果。尤其是在1828年，德国化学家 **维勒** 用

沃克兰（1763～1829年），法国化学家。

维勒（1800～1882年），德国化学家，因人工合成了尿素，打破了有机化合物的"生命力"学说而闻名。

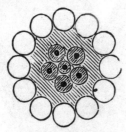

海底电缆剖面图

金属钾还原熔融的氯化铍得到单质铍。而且之后由于钇的盐类也有甜味，所以维勒后来把它命名为铍。化学家们还发现这种新金属在矿物中的含量不是很多，通常一种矿物中只含4%~5%。化学家们又详细研究了铍在地壳中的分布量，发现铍在地壳中含量为0.001%。和与铍经常纠缠在一起的金属铝相比，它的分布量大约是铝的万分之一。

现在，化学家和冶金学家已经掌握了铍。而我将铍称为未来金属，也绝不是没有道理的。铍是最轻的碱土金属元素，它的比重只有水的1.85倍，而铁的比重是水的8倍，铂则是水的21倍。铍可以用来制造铍铜合金——铍青铜。铜比钢铁要软得多，弹性和抵抗腐蚀的能力也不强。但是，铜中加进一些铍后，铜的性能会发生惊人的变化。含铍1%~3.5%的铍青铜，机械性能优良，硬度加强，弹性极好，抗蚀本领很高，而且还有很高的导电能力。用铍青铜制成的弹簧，可以压缩几亿次。百折不挠的铍青铜，最近又被用来制造深海探测器和海底电缆，这对海洋资源的开发具有重要的意义。

铍在科技领域的应用

铍对航空工业所做的贡献也是不可忽视的。航空工业的发展要求飞机飞得更快、更高、更远，铍因为重量轻、强度大被应用于航天领域。有些铍合金是制造飞机的方向舵、机翼箱和喷气发动机金属构件的好材料。现代化战斗机上的许多构件改用铍制造后，由于重量减轻，装配部分减少，使飞机的行动更加迅速灵活。有一种新设计的超音速战斗机——铍飞机，飞行速度可达4000千米/小时，相当于声速的3倍多。在将来的原子飞机和短距离起落的飞机上，铍和铍的合金一定会得到更多的应用。

进入20世纪60年代以后，铍在火箭、导弹、宇宙飞船等方面的用量也在急剧增加。铍是金属中最好的良导体。现在，有许多超音速飞机的制动装置是用铍来制造的，因为它有极好的吸热、散热的性能，"刹车"时产生的热量很快就会散失。当人造地球卫星和宇宙飞船高速穿越大气层的时候，机体与空气分子摩擦会产生高温。铍作为它们的"防热外套"，能够吸收大量的热量并很快地散发出去，这样就可防止温度过度升高，保障飞行安全。铍还是高效、优质的火箭燃料。铍在燃烧的过程中能释放出巨大的能量。每千克铍完全燃烧放出的热量高达15000千卡。

除了航空航天以及合金方面的应用，铍也在反应堆领域释放了光彩。在无煤的锅炉——原子反应堆里，为了从原子核里释放出大量的能量，需要用极大的力量去轰击原子核，使原子核发生分裂，就像用炮弹去轰击坚固的炸药库，使炸药库发生爆炸一样。

这个用来轰击原子核的"炮弹"叫中子，而铍正是一种效率很高的能够提供大量中子炮弹的"中子源"。原子锅炉中光有中子"点火"还不行，点火以后，还要使它真正"着火燃烧起来"。中子轰击原子核，原子核分裂，放出原子能，同时产生新的中子。新中子的速度极快，达到每秒几万公里。必须使这类快中子减慢速度，变成慢中子，才容易继续去轰击别的原子核而引起新的分裂，一变二、二变四……持续不断地发展"链式反应"，使原子锅炉里的原子燃料真正"燃烧"起来，正因为铍对中子有很强的"制动"能力，所以它就成了原子反应堆里效能很高的减速剂。

这还不算，为了防止中子跑出反应堆，反应堆的周围需要设置"警戒线"——中子反射体，用来勒令那些企图"越境"的中子返回反应区。这样，一方面可以防止看不见的射线伤害人体健康，保护工作人员的安全；另一方面又能减少中子逃跑的数量，节省"弹药"，维持核裂变的顺利进行。

铍的氧化物比重小，硬度大，熔点高达2450℃，而且能够像镜子反射光线那样把中子反射回去，正是建造原子锅炉"住房"的好材料。

现在，几乎各种各样的原子反应堆都要用铍作中子反射体，特别是在建造小型原子锅炉时更需要。建造一个大型的原子反应堆，往往需要动用两吨多重的金属铍。

至于以后铍会不会表现出更特殊的应用，则要看我们的科学家们如何操作吧！

钒——汽车
的基础

钒的发现

关于钒，福特说："要是没有钒，就没有汽车。"就是因为做出了钒钢的汽车轴，福特才发大财的。著名的矿物学家萨莫伊洛夫发现海参类动物的血液中钒含量高达10%，所以他说："没有钒，地球上会有好几种动物消亡。"有些地球化学家认为"没有钒，就没有石油"。钒在石油的生成过程中起着特别的作用。但是在很长一段时间里，没有人知道这种奇异的金属。

1910年产的福特T型车

在很久以前，遥远的北方有一位非常漂亮的女神，名叫凡娜迪丝。有一天，不知道谁来敲她的门。女神正舒适地坐在安乐椅上，她想："让他再敲一会儿吧。"可是不再敲了，那个人离开她门口走了。女神觉得很有意思，她想："这个客人到底是谁呀？这样有礼貌，可又这样犹豫不决。"她打开小窗，往街上看了一眼。原来是一个叫沃勒的

人，他匆忙地离开她的门口走开了。

过了几天，她又听见有人敲门，可是这次敲得很紧，一直敲到她起来开门为止。女神一看是一个美男子站在她的面前，是塞弗斯特姆。他们两人很快就恋爱了，还生了一个儿子，叫凡娜吉——这就是钒，就是瑞典物理学家兼化学家塞弗斯特姆在1831年发现的一种新金属。

贝采利乌斯，这位瑞典的化学家在某次写信时，就是这样叙述钒的发现过程的。可他却忘了一件事，那就是早在沃勒之前就有一位卓越的人物曾敲过女神凡娜迪丝的门，那就是戴尔·利奥。他是西班牙最杰出的人物之一，是为保卫墨西哥独立而奋斗的战士，同时他也是一位出色的化学家和矿物学家。1801年，他曾经在产自墨西哥的褐色铅矿石中发现了一种新金属，由于这种金属化合物颜色很丰富，所以开始时戴尔为其起名为"颜色齐全的金属"，后来又改叫红色金属。但可惜的是，戴尔·利奥没有证实自己的发现，他将标本送给几个化学家去研究，化学家们却将新金属错认为是铬，包括化学家沃勒。所以说沃勒没有坚定地敲开女神凡娜迪丝的大门。

这种新金属就这样被埋没了，直到瑞典青年化学家塞弗斯特姆的出现才让事情有了转机。那时，瑞典各地都在建造鼓风炉，大家发现了一个奇怪的现象，有些矿山的矿石熔炼出的铁很脆，而另一些矿山的矿石却能熔炼出柔韧性优良的铁。塞弗斯特姆分析了这些矿石的化学成分，很快便从瑞典塔贝尔山的磁铁矿中提取出一种特殊的黑色粉末。塞弗斯特姆在贝采利乌斯的指导下接着研究，证明这种黑色粉末中所含的金属元素就是戴尔·利奥在褐色铅矿石中所发现的"红色金属"。在塞弗斯特姆成功后，沃勒在给这位青年化学家的信中写道："我真是太糊涂了，眼睁睁地看着铅矿石中的新元素，却让它跑了。贝采利乌斯说得对，我太懦弱了，没有坚决地敲开凡娜迪丝的大门，他怎么可能不嘲笑我几句呢？"

钒在工业上的应用

现在，这个神秘的钒成了工业上最重要的金属之一。刚发现钒时每千克钒价值5万金卢布，现在只值10个卢布。1907年全世界总共才炼出3吨钒，却没找到钒的用途，可现在世界上不知道有多少国家在拼命抢夺钒矿呢！各国都需要它，1910年就开采出了150吨钒矿，那时南美洲又发现了新钒矿，1926年开采出的钒就高达2000吨，现在则更多。

钒是制造铁甲、穿甲炮弹和汽车的重要金属，钒也可以来制造钢质飞机，某些精巧的化工产业，比如制造硫酸或颜色多样的染料，都要用到这种金属。如果说钢是虎，那么钒就是翼，钢含钒则如虎添

"二战"期间使用的野战炮

翼。只需在钢中添加百分之几的钒，就能使钢的弹性、强度大增，并且抗磨损和抗爆裂性极好，既耐高温又抗奇寒，所以在汽车、航空、铁路、电子技术、国防工业等部门中，到处可见钒的踪迹。

钒盐的颜色多种多样，有绿的、红的、黑的、黄的。绿的碧如翡翠，黑的犹如浓墨。比如二价钒盐常呈紫色，三价钒盐呈绿色，四价钒盐呈浅蓝色，四价钒的碱性衍生物常是棕色或黑色，而五氧化二钒则是红色的。这些色彩缤纷的钒的化合物，被制成鲜艳的颜料，把它们加到玻璃中可

以制成彩色玻璃，也可以用来制造各种墨水。钒也是制备硫酸的帮手，而硫酸是整个化学工业中必不可少的物质。制备硫酸时，钒表现得非常狡猾，它只会加快化学反应的速度，却并不参加反应，这便是化学家所说的"催化作用"。

> 由于催化剂的介入，加速或减缓化学反应速率的现象叫催化作用。在催化反应中，催化剂与反应物发生化学作用，改变了反应途径，从而降低了反应的活化能，这是催化剂得以改变反应速率的原因。

钒在地壳中的动态

可这么奇妙的金属，在发现之后的很长一段时间里开采量却那么少，每年大约只有5000吨，这个数目是当时铁的年产量的两万分之一。显然，刚开始时开采钒并不那么简单，要解决这个问题，我们需要请教地质学家和地球化学家。下面便是他们所知道的钒在地壳中的动态。

据地球化学家估计，在人类可以开采的那部分地壳中平均含钒 $\frac{1}{50}$，这个数目不算少的，要知道铅含量是这个数目的 $\frac{1}{15}$，而银则只有这个数目的 $\frac{1}{2000}$。所以，事实上地壳中钒含量应该是锌和镍的总和，而锌和镍每年的开采量有几十万吨。不仅在我们能够开采的地壳中有钒，在铁集中的地方也含有相当量的钒。这一点是落在地球上的陨石告诉我们的。钒在含铁陨石中的含量是地壳中钒含量的2～3倍。天文学家也从太阳光谱中看到了钒原子的光谱线。地球化学家却为了钒头疼。

到处都有钒，可钒聚集的地方却不多，可以轻松地开采出钒并用到工业上的地方更少。有一种说不清楚的化学力量在分散着钒原子，我们的科学任务就是要搞清楚什么方法可以将这些分散的钒原子聚集起来，怎样才能打消它们迁移、分散的意图。

想要解决这个问题，就先读读下面这段文字：

首先，钒是属于沙漠的。它极易溶于水，而且俄国中纬度和北纬度地带的酸性土壤也不适宜钒的聚集。只有南纬度地带才适合它，那里有硫化物的矿脉。在罗得西亚灼热的沙底，在它的故乡——墨西哥，在龙舌兰和仙人掌丛中，它形成黄褐色帽子似的样子，像士兵的钢盔一样盖在硫矿的头上。

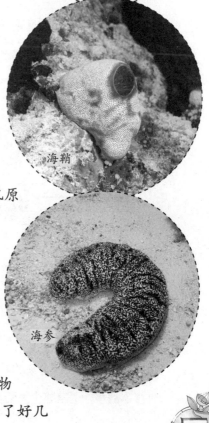

海胆

海鞘

海参

我们还发现古代科罗拉多沙漠和乌拉尔地区二叠纪的沙漠中也存在钒的化合物。

凡是被太阳晒得灼热的沙里都能生成钒盐，这些地方将分散的钒聚集起来形成有工业价值的矿床。尽管如此，钒的储藏量还是太少。钒原子竭力想从人的手中溜走，可还有一个更大的力量能抓住钒，那就是细胞，换言之便是有机体。这些有机体的血红蛋白不是由铁构成，而是由钒和铜组成。

海生动物，特别是海胆类、海鞘类和海参类躯体中含钒。这些动物成群结队地浮在海湾和海岸边，占据了好几

截至2012年底，全球探明钒储量为1400万吨，当中中国探明储量为510万吨，占全球探明储量的36.4%。2012年全球钒产量为6.3万吨，较2011年增长0.94%。当中中国产量为2.3万吨，占全球总产量的36.5%；此外南非钒产量为2.2万吨、俄罗斯产量为1.6万吨、美国产量为1270吨。

千平方米。很难明白，它们是从哪里搜集的钒原子，因为海水中钒含量很低。很明显，这些动物拥有特别的能力，可以从食物碎屑、淤泥和海藻中提取出钒。

没有哪种化学试剂能像生物体一样灵敏，它们能把几百万分之一克的钒逐渐累积在躯体中。等这些生物死后就会留下大量遗产，使人们可以从中得到金属钒并将其应用于工业领域。随着探测技术的发展，我们已经知道全球钒资源量超过6300万吨。

关于钒矿，这便是地球化学家给我们的答复。我们可以对这种金属继续研究下去，发掘出更多的应用。

金——金属之王

金的传说

很可能是因为多年前某位先人看见河沙里有闪着金光的颗粒，从而发现了金。所以很早以前，金这种元素就已被人类熟知。翻阅人类在发展史上使用黄金的记录，会找到很多值得注意、有教育含义的故事。从人类文明的起源时期到帝国主义战争，许多次战争，覆盖整个大陆，各民族之间几代的斗争、犯罪和流血——这一切都和金有关系。**斯堪的纳维亚古事记传说**（齐格弗里德的故事就是其中之一）中，金子扮演着非常重要的角色。其中，尼伯龙根族的斗争目的就是从金子的魔力和统治中将世界解救出来。那用莱茵河沉金打出来的戒指象征着罪恶，齐格弗里德为了让世界摆脱金子的统治，为了打败天国诸神，献出了自己宝贵的生命。

德国音乐家瓦格纳作曲及编剧的一部大型歌剧《尼伯龙根的指环》。全剧以代表财富的黄金和代表权势的指环为线索，讲述了年轻的铁匠齐格弗里德为了拯救世界不受金子控制的故事。

古希腊叙事诗中也有一段关于金的传说，这个传说记载的是阿尔戈船上的勇士到科尔基斯寻找金羊毛的故事。他们历经风浪洗礼来到黑海沿岸，即现在的格鲁吉亚采集羊毛，那里的羊皮上盖着一层金砂，但这些羊属于恶龙，为了夺得羊毛，他们想尽办法终于打败恶龙，摘得胜利的果实。

古希腊神话中金羊毛的故事

古希腊神话和古埃及文献中，也能找到人们在地中海流域为争夺黄金挑起战争的记载。为建造著名的耶路撒冷教堂，**所罗门王**需要大量的黄金。为了获得黄金，他多次出征俄斐古国。历史学家为了考证俄斐古国的位置废了不少力气，却还是没有定论。有人说它在尼罗河发源地，还有人说是在埃塞俄比亚。甚至有学者认为，"俄斐"这个词其实是"财富"和"黄金"的意思。

所罗门王（出生时间不明～公元前930年），以色列联合王国的国王，被誉为"犹太人智慧之王"，相传著有《箴言》《所罗门智慧书》《雅歌》《传道书》等作品，对动物、植物也有广泛研究。

以前曾流传过蚂蚁采金的传说。说印度有一族住在沙漠的人，这片沙漠中生活着一种蚂蚁，这种蚂蚁有狐狸那么大，它们会从地下深处搬出大量金子和沙。这群印度人就会骑着骆驼来取这些黄金。学者们试图解释这个传说，却各有各的说法。希罗多德认为这件事是真的，因为他发现在纪元前25年斯特累波的著作中有类似的记载。但普林尼的看法略有不同。但是在中世纪不论是欧洲的作家还是阿拉伯的作家，他们都没能讲清楚这个故事。所以到现在，对于这个传说还是没有定论，最可能的解释是说在梵文中"蚂蚁"和"金粒"同音，所以产生了这个传说。

俄罗斯南部有许多产自西蒂亚时代的精美金制品，那都是不知名的珠宝工人的杰作，他们最爱雕刻狂奔的野兽。现在，这些东西和那些来自西伯利亚的精致金制品一起陈列在圣彼得堡冬宫里的埃尔米什日博物馆中。

在古代人的概念中，金有着很重要的地位。炼金术士用太阳记号代表金，那时候在斯拉夫文、德文、芬兰文里，金的字根里都有Γ、З、О、Л四个字母，而在印度文和伊朗文里，这个字的字根则有А、У、Р三个字母，因此拉丁文中金字是"Aurum"，这便是金的化学符号Au的来源。

人类淘金史

语言学专家做这么多研究想弄清楚金的名称和这个字的字根，真正的目的是想找出金的根源，确定古代世界哪些地方有金。比如，埃及象形文字中金字像一块头巾或一个木槽，很明显暗示人们在古埃及时，人类是通过淘沙的方法取金的。有不同色泽和品质的金。埃及金来自沙，在古埃及资料中金沙的位置被详细记录着。

埃及西北部许多地区产金，在红海沿岸、尼罗河流域古代黄岗岩崩塌下来的沙里，特别是柯塞尔地区都有金。除此以外，阿拉伯沙漠和努比亚沙漠里有古代产金的矿坑，表明在公元前两三千年时已有许多金矿存在了。

在之后记载中，很多著作家对金矿进行了较详细的描述，有的文献提到金与闪亮的白色岩石在一起，很明显那是石英矿脉，有的古代著作家不认识石英矿脉，将其错认为大理石一类的东西。那时，人们已经知道金子所拥有的价值以及开采这种宝藏的方法了。

15世纪发现美洲新大陆这一重要事件其实也是金历史上浓墨重彩的一笔。西班牙人从美洲运用武力掠夺了大量黄金，于是欧洲掀起了金风潮。

1719年起，人们在巴西沙地中发现了丰富的沙金。别的国家也勘探到金矿，"黄金热潮"开始。

18世纪中叶，俄国叶卡捷琳堡附近的石英矿里首次发现了金晶体。100年后的1848年，美国也有了重大发现：落基山脉往西到太平洋沿岸，有个叫约翰·苏特的人在当时还未开发的加利福尼亚地区发现了金矿，但这个人最后却因贫困而死。成群结队的淘金者套着牛车奔往加利福尼亚去寻求"新的幸运"。

不到50年，阿拉斯加半岛的克朗代克地区也发现了金矿，这块地是俄国政府用极便宜的价格贱卖给美国的。

从杰克·伦敦的小说中我们可以知道，在克朗代克，人们为了找到黄金费了多少力气，直到现在我们还能看到一些"黑蛇"的照片。人们为了开拓出道路，翻越过雪山山顶，穿越过北极空旷的山地。这条路上有着不间断的人流，他们怀着从山上带回黄金的希望，肩上担着淘金的工具去往未知的区域。

1887年时，南非的约翰内斯堡第一次发现沙金。虽然发现沙金的是 **布尔人**，但黄金并没有为他们带来幸福。英国人为了占领这块地方，几乎杀光了爱好自由的布尔人。约翰内斯堡的产金量在20世纪时占世界产金总量的一半还多。

> 布尔源于荷兰语中"农民"一词，现在改称阿非利卡人，居住于南非和纳米比亚的荷兰移民。

此外，澳大利亚也有金矿。

俄国得到黄金的历史比较特别。1745年，一位名叫马尔科夫的农民，发现乌拉尔叶卡捷琳堡沿着别廖佐夫卡河一带有金矿。1814年，采矿工长布鲁斯尼岑首次在乌拉尔发现了沙金，并且他将沙金运用到工业方面。所以乌拉尔成为俄国金工业摇篮。

19世纪后半期，西伯利亚勒拿河也发现了沙金，这个消息传出，各地的冒险家都往那儿跑，有人还专门设立了路标。那些淘金的人，有些在艰苦的西伯利亚大密林中淘到金子发财回家，有些则在当地就把金子挥霍掉了，但大多数却因为天气恶劣又罹患坏血病，最后悲惨死去。20世纪20年代初，在阿尔丹河一带又发现了一个大金矿。

就这样人类寻求黄金的历史逐渐展开了。直到1940年，已开采出的黄金在5万吨以上，其中大约一半存储在银行中，银行中的金子价值超过100亿金卢布。技术上的进步使金产量越来越高，不但可以开采含金量丰富的金矿，还能开采那些含金量不是很高的贫矿。最开始时，采金方法是简单的手工业方法，就是用勺子和盆冲洗。

一种狭长的木槽，一头有槛可以截住金子。

之后，改用"美国槽"冲洗，加利福尼亚金矿被发现后，这种"美国槽"就风靡全世界了。再然后，是利用水力淘金，就是用强力水柱冲洗，然后用氰化物溶液溶解细小金屑。最后，人们又研究出从坚硬岩石中取金的方法，大型选矿厂取金就用的这种方法。

金在地球上的旅程

人们想方设法地积存黄金，把它锁起来存在国家银行牢固的保险库中，由军舰护送运输黄金的船。现在，也早已取消用黄金做的货币，因为它极易磨损。在过去几千年里，人们采得的黄金还不到地壳含金量的百万分之一。

人们为什么会如此看重金子，将其看成主要财富呢？那是因为，金有很多优良性质，金是"贵金属"，它的表面不会有变化，会一直保持着金属光泽，而且它不会溶于普通化学试剂，只有游离卤素，比如氯气、王水，还有少数少见剧毒的氰酸盐才能溶解金。

金比重很大，能到19.3，它与铂族金属是地壳中最重的元素。金的熔融温度是1064.4℃，但要想使金沸腾则需要2804℃的高温。金很柔软，延展性和韧性非常好，易锻打。哪怕10亿个其他金属原子中有一个金原子，化学家都能测出来。

金在地壳中的含量不算少，可它是分散着的。据化学家计算，地壳中金平均含量大约占百亿分之五。银含量只比金多一倍。但银的价值却远远低于金。金在自然界中是随处可见的，太阳周围的灼热蒸气中有金，陨石和海水里也有金。据精确实验可知，海水含金量大约是十亿分之五。

金藏在花岗岩中，聚集在熔融花岗岩岩浆最后一部分里，它会钻进灼热石英矿脉里，和硫化物，尤其是和铁、砷、锌、铅、银的硫化物，在150℃～200℃时一起结晶出来。大堆的金就这样生成了。等花岗岩和石英矿脉崩坏时，金就分散成沙金，由于金子比重大，所以它会在沙子的下层。地层中的循环水溶液对金几乎没什么化学作用。地质学家和化学家花

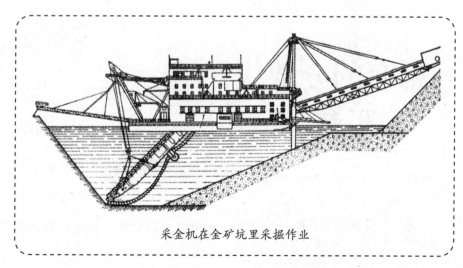

采金机在金矿坑里采掘作业

费了很多时间、精力才研究清楚金在地球上的命运。

科学研究告诉我们，金在地球上是不断漂泊的。在机械作用下，金子会被研磨成细小的颗粒，然后被河流冲走，金可以部分溶于水中，特别是南方含氯很多的河流中，之后金重新结晶，或跑进植物机体，或落到土壤中。由实验可知，金会被树根吸收到木质纤维里。比如，玉米粒里就含有金，还有几种煤的煤灰里也含有金。

由此可见，金在被人类提取出来之前，经历了非常复杂的发展过程。尽管人类用了2000多年的时间思考如何开采黄金，尽管有大型的炼金厂，我们对于这种金属的全部历史其实还是存在盲点的。我们只知道金子旅行史上的个别环节，却不能把这些环节连成整链。山脉和花岗岩断崖受水侵蚀，金子随着水流进入海洋，之后呢？在乌拉尔沿岸，彼尔姆海堆积了丰富的盐、石灰石和沥青沉积物，可海里的金去哪儿了？

地质学家和地球化学家们，许许多多的工作还等着你们呢。西伯利亚好几百万平方千米的产金地区正是你们科学思想的操练场！

稀有的分散元素

什么是分散元素

地壳是由好多种化学元素组成的，其中有 12种 是比较常见的元素，几乎每种岩石中都可以找到这几种元素，其余元素则比

氧、硅、铝、铁、钙、钠、钾、镁、钛、氢、磷、锰。

较少见了。这些稀少的元素有些大量聚集，在矿层中生成矿石；有些像铂这类的含量极少的元素则形成微小的、勉强看得见的天然金属小粒，或是在某些地方生成较大的金属块。

但不论这些元素多么少，颗粒多么小，它们还是独立矿物。与它们相比，有那么一部分化学元素，不但含量少，还不能生成自己的矿物。这些元素化合物分散在普通矿物里面，就像水里溶着盐或糖，从外表我们看不出这是纯水还是盐水或糖水。矿物也是这样，我们并不能从外表看出这些矿物中含有哪些杂质。要是想搞清楚水里溶的是糖还是盐，只要尝一下味道就好，但要想分析出矿物中的成分，那可就复杂多了。

化学元素们经历了复杂坎坷的旅程，它们通过岩浆，通过水，在岩石或矿脉中生成最稳定的化合物。在这段旅程中，元素彼此之间发生着各种变化，最后只有最亲近的元素在自然环境中才能守在一起。

任意两种元素的化学性质越相近，就越不容易找到合适的化学反应将它们分开。有些稀有元素，它们不是自己聚集形成纯物质矿物，而是分散在其他元素形成的多种矿物中，我们称其为分散元素。

这些分散元素都是什么呢？以前，我们不论是在日常生活中还是学校课本里都没听说过，但后来，随着工业发展，这些元素渐渐地进入我们的视线中。它们是：镓、铟、铊、镉、锗、硒、碲、铼、铷、铯、镭、钪、铪。这里说到的都是最有代表性的分散元素，当然，还有其他的。

让我们思考一下，这些稀有元素在自然界里的哪些地方呢？又是如何分散的呢？人们是怎样从矿物中发现它们的？它们又能应用在哪些地方？

闪锌矿

如果我们面前有这样一块黄褐色的矿物，它的断口闪亮平滑，而且掂在手里很重，看上去好像不是矿石。这种矿物就是闪锌矿。闪锌矿主要成

分很简单，其实就是一个锌原子搭配一个硫原子。但记住，这只是它的主要成分哦。因为闪锌矿除了有黄褐色的，还拥有褐色、暗褐色、黑褐色，甚至纯黑色等颜色，而且纯黑色的闪锌矿闪着真正的金属光泽。

为什么它们主要成分相同，表面上的颜色却相差如此之大呢？

这是因为闪锌矿中还有别的成分。闪锌矿颜色之所以发暗，是由于其中含有硫化铁。若是没有铁，那闪锌矿会是黄绿色或淡黄色。含铁量越高，矿物颜色越深。也就是说，闪锌矿含铁量的标志是它的颜色。

利用X射线探究闪锌矿内部结构，我们可以看到硫原子和锌原子的组装方式是四面体式，也就是说每个锌原子会被4个硫原子包围，同时每个硫原子也被4个锌原子包围。要是把铁原子放在某些锌原子的位置上，闪锌矿的颜色就深了。同时，铁原子在矿物中分布得很均匀，比如，每100个锌原子里有1个铁原子，或者是每50个、30个、10个……虽然在自然界中铁含量远远多于锌，但铁只能在闪锌矿中占一定的限度，我们称这种特性为有限的可混性。

关于闪锌矿的结构，我们可以进行一个好玩的比喻：

树林里有一个空的狐狸洞，要是老鼠来，洞太大。要是熊来，那么估计只有脚能放进去。太大太小都不合适，只有与狐狸体形差不多的貂才能舒舒服服地躲进这个洞里。

闪锌矿内部的情形就和狐狸洞差不多，只有和锌原子大小差不多的原子才能占据锌的位置。

闪锌矿中还有镉、镓、铟、铊、锗……显然锌是一个很好客的主人。其实，硫也很好客，只是没有那么热情，它对硒和碲这两个分散元素是很不错的。

现在，我们知道，闪锌矿成分要比我们刚开始认为的复杂多了。黝铜矿、黄铜矿等其他矿大致也是这样的。

后来，对于闪锌矿，地球化学家又发现了几条规律：铁含量高的闪锌矿中几乎没有镉，可铟含量很多，有时锗含量也很高；镓主要在浅褐色闪锌矿中，镉主要在蜜黄色闪锌矿中。暗黑色闪锌矿中硒和碲含量较高。不同条件下，自然帮我们选择好了可以住进闪锌矿中的"旅客"。

找到稀有分散元素很难，需要用特别的方法。虽然这些元素的含量极少，但它们的价值很大，所以花费大力气找它们是很值得的。我们除了可以运用普通化学分析方法外，还可以使用光谱分析和X射线分析。

正常情况下，不用复杂的化学分析就能测出某种矿物里含有多少其他元素。闪锌矿中的铟含量要是达到0.1%，那就不算是锌矿石而是铟矿石了，因为铟含量虽然不高，可它的价值要远大于那些锌。

为什么要注意这些分散元素？它们为什么这么重要？其实是因为它们独特的用途，用这些元素单质或化合物制得的产品，都有很特别的性质。比如，氧化钍一受热就能发出灿烂的光辉，所以用它做煤气灯罩；铷和铯材质的镜子易放出电子，所以用来制造光电管。

闪锌矿中稀有金属化合物的应用

前面我们说过闪锌矿中的几种稀有金属，现在让我们来说说这些金属和它们的化合物都用在哪儿？又是怎么用的？

镉

镉是一种浅灰色金属，易熔，熔点为320.9℃，性质柔软，有韧性和延展性。一份镉、一份锡、两份铅、四份铋（这四种金属的熔点都在200℃以上）可以制出熔点只有70℃的武德合金。如果用这种合金制造茶匙并去搅动滚烫的热茶，它会熔化在茶里……如果把镉、锡、铅和铋按另

一种比例配合就可以制出波维兹合金，这种合金熔点更低，只有55℃！燃烧时用手去摸都不一定觉得烫。

很多工业部门都会用到易熔的金属。有一种纯金属，放在手里都会融化，它就是镓，也是一种分散元素。它也含在闪锌矿中。镓的熔点是30℃，仅次于汞（汞的熔点是 – 39℃）。所以汞的工作镓也可以做。我们都知道，汞蒸气有毒，镓无毒。汞最普遍的应用是作为温度计，这种温度计只能测量 – 40℃ ~ 360℃的温度范围，到360℃以上汞就沸腾了。而镓造温度计的测量范围是700℃ ~ 900℃，因为900℃时玻璃会熔化。要是温度计的玻璃管是石英玻璃材质的，那可以测到1500℃，因为镓的沸点是2300℃。要是用特制的耐火玻璃做温度计的玻璃管，那可以测量火焰温度或是多种金属熔融时的温度。

顺便提一下，镓还有一个有趣的性质：固态镓的密度小于液态镓，就像冰会浮在水面上一样，固态镓也可浮在液态镓上。铋、石蜡、铸铁也有这种有趣的性质。其余物质则与镓相反：固体沉在液体下。

现在回过头来接着说镉。除了可用于制造易熔合金外，镉还在电车制造上大展身手。大家有没有见过老式电车弓子？它一直和电线摩擦，磨出深沟的同时电线也会磨坏。但只要在电线中添入1%的镉，就能大大减低电线磨损的速度。镉还能用来制造信号灯的有色玻璃，玻璃中加入硫化镉会生成美丽的黄色，加入硒化镉则生成红色。

铟

从应用方面看，铟的重要性不在镉之下。大家都知道，海水其实就是盐水，铜合金在海水的作用下，会很快损坏。但又找不到化学性质更稳定的物质来代替它

灯塔探照灯

制造潜水艇和水上飞机。后来我们发现，只要在铜合金中加入极少的铟，就能提高它的稳定性，抵抗海水的侵蚀。银中添铟，可以增加它的光泽感，也就是加强银的反光性。探照灯的反射镜利用的就是这一特点：反射镜中有铟，可以明显地加强探照灯的光。

硒

稀有分散元素硒有几点意想不到的性质，它与硫性质接近，含硫矿石中常常也会有它的身影。硒导电度可以随着光线强度不同而发生改变。电报传真和无线电传真利用的就是这一特点。硒的这种特性还可以用来制造多种自动控制器，记录输送带上的零件是亮还是暗，因为硒能精确测量光线照明的强弱。

硒的另一个重要用途是制造纯净无色的玻璃。制造普通玻璃的原料是石英砂、石灰、碱或硫酸钠。石英砂纯度要很高，尤其不能含铁，因为铁会使玻璃显浅绿色，比如，酒瓶玻璃。窗户玻璃需要纯净无色的，眼镜则要求质地更好的玻璃，光学仪器如望远镜和显微镜则需要无瑕疵的。那么如何做到纯净无色呢？在熔融玻璃中加入少量亚硒酸钠，硒可以和铁化合，从玻璃中析出，这样便可制得想要的玻璃了。专门的光学仪器，需要玻璃拥有别的特性，少量的二氧化铈便可帮助我们。

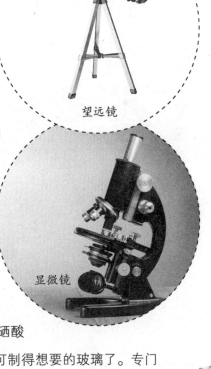

电报传真

望远镜

显微镜

锗

锗也属于分散元素，与硒一样，在闪锌矿中微量存在着。几种煤里也有锗。

以上便是几种稀有分散元素在矿物矿石中的动态。现在我们了解了这些独特的金属所拥有的特性和用途。知道了它们在应用上的重要性，也就明白地球化学家为什么这么在意稀有的分散元素了。

Chapter 3
自然界里
原子的历史

陨石——宇宙的使者

陨石如何来到地球

晚霞的余晖一点点消失，黑暗渐渐吞噬了光明。无月的夜，天穹一望无际，星星缓缓清晰，它们闪烁着不同颜色的光。白天村子里各种喧嚣的声音慢慢静了下去，世界仿佛在这个寂静的黑夜中冻结了，只有风吹树叶发出的哗哗声零星响起……忽然一道颤动的光划破了黑暗的天幕，一个火球飞速掠过，向四面散射出许多火星。火球经过的地方留下了微亮的烟雾痕迹，还没到地面，火球"刷"地就熄灭了，接着一切又重回黑暗了。没过多久，天空中传来噼噼啪啪爆炸似的声音。接着"轰"一声，隆隆的声音响了半天才安静下来。读者们，我相信你们其中肯定有人看过我上面所描述的景象。那么那个火球是什么东西？又是来自哪里呢？

在行星际空间中，除了水星、金星、地球、火星、木星、土星、天王星、海王星这八大行星外，还有许多小行星也在围绕太阳旋转。已知的小行星有1500个以上，其中最大的那个叫谷神星，直径有770千米，最小的

陨石下落

小行星直径只有1000米，叫阿多尼斯。

　　当然，还有许多更小的小行星，这些小行星直径只有几米甚至几厘米。与其说它们是行星，不如说是石头碎屑或颗粒，它们中有的小得可以置于手掌中。甚至用最好的望远镜，我们也看不到它们。这还能叫行星吗？应该称它们为流星体，流星体不具有规则的球形形态，只是一些碎屑。

　　较大的小行星大多在火星轨道和木星轨道之间，各自沿着自己的轨道绕着太阳旋转。它们合起来形成"小行星带"。

　　至于流星体，它们的轨道大多在小行星带之外与大行星轨道交叉，当然也与我们的地球轨道交叉。地球和流星体各自在轨道上运动时，可能会同时到达两轨道的交叉点，这时流星体就会飞进我们地球的大气圈了，我们会看到一个火球出现在天空中，这个火球叫作火流星。流星体飞进大气圈时，可能是迎着地球运动，在这种情况下，流星体飞行速度会非常高，可能高达70千米/秒或更快。

小行星带

　　若流星体与地球运动方向是相同的，也就是说，流星体在"追赶"地球或被地球"追赶"时，那流星体飞行初速度就大约是11千米/秒了。这样的速度虽然比不上前面说到的高速，但在我们看来也是很快了，要知道，狙击枪子弹飞射出去的速度也才1千米/秒。

　　因为流星体速度很快，达到了宇宙速度。所以飞进大气圈后会遇到极大的空气阻力。我们明白，离地100千米～120千米处的大气层是很稀薄的，即使是这样，由于流星体速度快，它还是会遇到极大的阻力。它的表

流星

面温度可以高达几千摄氏度，并且流星体开始发光。同时，它周围的空气也会热得发红。这时我们看到的便是火流星。火球其实是流星体外围那层火热的气体壳。空气迎着火流星流动，使流星体表面熔融的物质不断剥落，这些物质散落开变成细小的点滴。之后，这些点滴凝合成球状物，落在流星的后方成为流星划过的痕迹。

在离地50千米～60千米的高空，稠密的大气足以传播声波；流星体到了这儿，与大气作用产生了冲击波。冲击波其实就是流星体前面那层稠密空气。冲击波会撞击地面发出种种响声，这些响声一般在火流星消失后几分钟才能听到。

流星体继续朝着越加稠密的下层大气钻去，离地面越近，空气阻力也就增大得越快。流星体的飞行被大气阻挡着，终于在离地10千米～20千米时失去了原来的速度，被空气"束缚"住了，这一段区域被称为"滞留区"。一旦到了滞留区，流星体便不会再被破坏，也不再发热了。若是它还没有被完全毁掉，那它那层表面熔融物会快速冷却凝成硬壳。流星体周围灼热的气体壳也会消失。这时，火流星不见了，而它的残体，包裹着一层熔过的壳，过了滞留区后在地心引力的作用下，竖直掉在地面上。这个掉下来的流星体块就是我们所知道的陨石。

最亮的火流星哪怕是在白天也可以看到。它飞过的地方留下来的条带烟雾痕迹能看得很清楚，这种痕迹可以保持好几分钟，甚至一个多小时。本来，火流星痕迹是直的，但经过大气上层强烈气流的作用，痕迹会逐渐弯曲。

火流星一般比较少见。但流星，或是我们说的陨星，还是有不少人见过的。重量不到1克的极小流星体，从行星际空间进入大气圈时形成流星。这些颗粒到了大气圈里已被完全毁掉，所以它们是无法落在地面上的。

陨石

陨石，宇宙的使者。它来自行星际空间，现在让我们来好好认识一下它吧。

陨石的化学分析

科学家研究了地球和陨石中的化学元素同位素成分，结果发现：不管是地球还是陨石，它们的所有元素同位素成分相同。看了上面的平均成分表，我们可以知道，石陨石所含的元素按含量排名，结果是：氧（41.0%），铁（15.6%），硅（21.0%），镁（14.3%），硫（1.82%），钙（1.8%），镍（1.1%），铝（1.56%）。

石陨石中氧与其他元素化合生成多种硅酸盐矿物和氧化物。而铁，一部分与其他元素化合，另一部分呈金属态，闪着光亮的金属铁均匀分散在整个陨石里。

表中的元素含量均为各类陨石元素量的平均值，在个别陨石中元素含量可能会与表中的数字出入很大。陨石中贵金属含

各类陨石平均化学成分

化学元素	平均化学成分		
	铁陨石	铁石陨石	石陨石
铁	90.85	49.50	15.6
镍	8.5	5.00	1.10
钴	0.60	0.25	0.08
铜	0.02	—	0.01
磷	0.17	—	0.10
硫	0.04	—	1.82
碳	0.13	—	0.16
氧	—	21.30	41.0
镁	—	14.20	14.30
钙	—	—	1.80
硅	—	9.75	21.00
钠	—	—	0.80
钾	—	—	0.07
铝	—	—	1.56
锰	—	—	0.16
铬	—	—	0.40

量非常少，比如，1吨陨石里银和金平均只有5克，铂则是20克。

陨石不断地落在地球上。据科学计算，每年掉在地球上的陨石不少于1000块，但能找到的非常少——平均每年只找到4～5块。那些没找到的陨石，要么掉在海里或森林地区，要么掉在两极地区或沙漠中。它们会在大气作用下被逐渐破坏掉，最后归于土壤。就这样，陨石中的原子与地球原子混在一起。它们从土壤走进植物体，再走到动物体，最后进入人体。

可见，不只是地球上无生命的岩石与宇宙陨石有关系，地球上的生物也与陨石有联系。

科学家曾计算过，每昼夜有5～6吨的陨石物质落在地球上。那么，每年地球重量会增加将近2000吨。和那些由于流星体飞行或破坏时形成的宇宙尘埃沉降在地球上使地球重量增加一样，这些都不算什么。**韦尔纳茨基**

> 韦尔纳茨基（1863～1945年），苏联自然科学家、思想家、矿物学家和结晶学家。

院士认为，地球重量不会增加。因为陨石和宇宙尘埃使地球获得物质，但地球也把一些原子以及细小的尘埃放到太阳系中了。就这么来来去去，地球重量就达到了动态平衡。韦尔纳茨基院士总结说：

> 我们研究的不是"个别的陨石、火流星和宇宙尘埃偶尔朝地球掉下来的问题，而是巨大的行星的作用，是我们的地球跟宇宙空间的物质交换"。我们的地球和周围的空间以及与行星际空间之间的相互作用都包含在这个过程中。

虽然科学家在对陨石的化学分析中没有找到新物质，只是得到了地球与其他天体物质统一性的结论，但就矿物成分来说，还是能看出陨石的一些特点的。

　　陨石中的主要几种矿物，在地球的岩石中也可以找到。这些矿物主要是橄榄岩和无水硅酸盐：顽辉石、古铜辉石、紫苏辉石、透辉石和普通辉石，还有长石类的矿物。但陨石中还没找到过风化后生成的矿物，也没找到有机化合物。还有一个特征，就是陨石中不含有水合硅酸盐。科学家做了很多努力想从陨石里找这类矿物，但还是没有找到。直到科学家们在陨石中发现绿泥石类的矿物（绿泥石成分便是水合硅酸盐），这个特点才被打破。但含绿泥石类矿物的陨石很少，只有那些碳质球粒类的陨石中才含有这类矿物。

　　据研究结果表明，绿泥石中化合物重量占碳质球粒陨石的8.7%。这个发现很有意义，它能帮助我们找到陨石生成条件的答案。科学家还在陨石中发现了一些地球没有的矿物，尽管这些矿物含量很少，但还是能够证明陨石与地壳的生成条件是不同的。陨石学家的重要任务便是阐明这些条件。

　　科学家又发现了陨石的变质作用，在这个作用过程中，不仅陨石结构发生了变化，就连成分也不一样了。陨石形成后就在行星际空间飞行，多次接近太阳，在太阳的照射下发生变化，这便是变质作用的原因。

　　陨石还含有放射元素，比如放射性钾，它在石陨石中含量不算少。钾衰变后生成氩。因此，计算陨石中的氩钾含量比，就可以测定出陨石的年龄。科学家就用这样的方法测出陨石的年龄在6亿~40亿年。

　　陨石来自哪里，我们已经知道了，但陨石是怎样形成的以及在什么时候形成的，我们还没有确切的答案。孩子们，我相信你们会解决这个问题，会为我们人类认识宇宙做出更大的贡献。

地下深处的原子

科幻小说中的地下深入

相信大家都读过科幻类型的小说，那些小说为我们编织了情节丰富、跌宕起伏的不同于现实生活的另一种旅程。其中有的描写如何到达地球中心，还有的在太空中发现了新星球，在新星球上遇到了哪些事情，怎样在那里生存下去等各种光怪陆离的情景。这些幻想小说，自17世纪开始一直到 **齐奥尔科夫斯基**

齐奥尔科夫斯基（1857～1935年），苏联科学家，现代宇宙航行学的奠基人，被称为"航天之父"。

写的《飞到月球》，都曾带领我们去到了遥远而又莫测的世界。

读了这些令人向往的故事，我们能感觉到人类独有的旺盛的求知欲。我们不满足于局限在地球表面的这层薄膜上，也不认为我们的眼睛只能看到地壳以下20千米~25千米。人类值得了解更多地球的秘密。就像过去人们以为大气上层是无法到达的，但无畏的俄罗斯平流层飞行家费多谢延科、瓦先科和乌瑟斯金用他们的勇气冒着生命危险征服了高空，为人类历史掀开了崭新的一页。

平流层气球和火箭的出现大大加深了我们对高空的认识，那里物质稀少，每立方米物质粒子数只有地面空气的几百万分之一。高空吸引着人们的视线，并且人类在这方面的探知也远远多于在我们脚下的那个世界——地球深处的世界。

人们之所以会对地球深处有兴趣，主要是因为石油和金子在那里。钻凿深井，开掘矿坑，要深入地底，可最深的油井不过5千米，最深的金矿也不到3千米。以后，新的技术会打破现在的记录，可以再向下挖一两千米，即便如此，这短短几千米与地球半径6371千米相比又算得了什么？

　　人类对这种情况是不能容忍的，所以不管是过去还是现在，研究科学的人都在思考地球内部的构造是什么？怎样才能到地球深处？现在，不如想象一下，要是我们开始了从地球表面到地球中心的旅行，看看会在路上遇到哪些难忘的事情。

　　罗蒙诺索夫是第一位描写去地球深处旅行的人，虽然他的想法是分散在许多著作里的，可拉季舍夫将他的这种思想归纳在一起写了一本《论罗蒙诺索夫》（1790年）。并且在可拉季舍夫另外一部著作《从圣彼得堡到莫斯科旅行记》的后几页中，描述了坎坷泥泞的驿道是多么难行，他说这些情形正是来自罗蒙诺索夫幻想的到地球中心的旅行。下面是他的叙述：

　　　　……[罗蒙诺索夫]很小心地走下了洞口，于是这颗辉煌的巨星很快就看不见了。我要顺着罗蒙诺索夫在地下旅行的路线走去，我要把他所想的东西集中起来整理一番，联系起来看看这些想象在他脑子里是怎样逐个产生的。他想到的那幅图画，对我们来说一定会是很有兴趣而且很有意思的。

　　　　到地下去旅行的人一通过地球的表层，一切植物生着根的那一层，他就感觉到地球表层和地下深处很不一样，首先是地球表层有独特的滋生能力。到地下去旅行的人到了这里

可能得出结论说：现在的地球表面不是其他什么成分，而是由动植物的躯体组成的，地面所以肥沃，所以有滋生和发展的能力，是因为一切生物各自保持着不可毁灭的和基本的组成部分，这些生物的本质不变，所变的只是形状，而且形状也是偶然生成的。旅行的人再往下走，他发现底下都是一层接着一层的。

旅行的人在各个地层里有时候可以找到海洋动物的遗体，也能找到残余的植物体，因而可以断定：地球的成层构造开始的时候是从水里漂浮着的东西形成的，当时水从地球的这一端向地球的那一端移动，使地球变成像现在地底下的那种样子。

地底下这种特有的成层构造，有时候会失去它原来的面目，看上去像是许多不同的地层混杂在一起。从这一点可以断定，曾经有猛烈的火力透过地中心，遇到了和它反抗的水汽，就发起脾气来，翻腾着，颤动着，冲倒和抛掷一切敢于和它顽强对抗的东西。

火力混乱了不同的地层，它喷发出来的热气，刺激原始状态的金属，使它们有了吸引力，使它们结合起来。罗蒙诺索夫走到这里，凝视着这片沉寂的天然宝藏，想起了人类的饥饿和贫困，于是很痛心地离开了这个阴暗的人间贪欲的巢窟。

仔细阅读分析这段叙述，我们可以说这是与现代概念完全符合的。现在，我们是用钻探仪器研究地下的，所以比先前的幻想要真实许多，下面便是我们的研究结果：

莫斯科克列斯强斯卡亚关卡外面曾建造了一个钻架，钻架不大，从大街上是看不到的。钻架里面装了钻机，目的是往地球深处钻，看看莫斯科这个城市是建在什么基础上的。

莫斯科的地下深处

起初是钻过黏土和沙，那些是莫斯科平原上的沉积物，是由北侧的斯堪的纳维亚大冰川冲来的。这是那次冰川时代最后一次的爆发，这场爆发将俄国欧洲部分的整个北部埋在了厚厚的冰雪底下。穿过黏土往下是各种各样的石灰岩，每两层石灰岩中间隔着一层泥灰岩和黏土，有的则是夹带着各种石灰质贝壳和骨骼，石灰岩往下是沙，沙中夹着煤层，这块是煤田，是俄国中部工业地带煤与煤气的供应地。

地质学家仔细研究了古代石炭纪海里的沉积物，发现当时海不是很深，加上当时天气温暖潮湿，使得沿岸植物生长茂盛。后来，海水变深，并且自东北向西南侵袭，森林被冲毁，植物被淹没，海里繁殖的水生动物开始堆积起珊瑚礁和介壳石灰岩的浅滩。就是这时候生成的石灰岩后来成为莫斯科房屋的建筑材料，使莫斯科得到了"白石莫斯科"的美誉。钻孔穿过几千万石炭纪沉积出来的复杂底层，碰到了另一类沉积物——石膏。这几百米厚的石膏岩层中间夹杂着多层黏土，这层过后，钻孔遇到了大量的水。

这些水的上层含有很多硫酸盐，往下氯化物越来越多；钻机钻进盐水，盐水中的氯化物含量是海水的10倍。这些氯化物中主要是氯化钠和氯化钙，并且还有溴化物和碘化物掺杂在其中。这里已不是石炭纪了，而是更早出现的泥盆纪的遗迹：那时候有大海、盐湖和三角港，海岸周围还有沙漠；海底沉积了厚厚的盐层，盐层里有时会夹着薄薄的淤泥或是灰沙，灰沙是从沙漠刮进海里的。

这时，钻孔已达1000.5米深。再往下会是什么？古代泥盆纪大海沉

积物地下掩埋的又是什么？科学家对这些问题进行了复杂的推测，又从推测出发做出各种假定。可这时，在1645米的地方钻出了沙，这很明显是泥盆纪的海岸，沙里有个别火成岩的砾石，有海岸常见的圆形碎石片。可见，这里是真正的海岸，再下去10米，我们钻进了坚硬的花岗岩中。

在1940年7月，莫斯科钻机第一次钻到了花岗岩——北面自圣彼得堡起到南面乌克兰为止全部的土地便是奠定在此基础之上的。

不久后，在塞兹兰和塞兹兰以东的另一些钻机也是钻到了大约相同的深度碰到了花岗岩。从而证实了科学院院士卡尔宾斯基的天才预言：整个俄国欧洲部分大平原的地下是花岗岩陆台。

卡尔宾斯基（1847～1936年），苏联地质学家。

北起卡累利阿芬兰共和国，南到德涅泊河和布格河的沿岸，这一带美丽的花岗岩和片麻岩断崖也说明了这点。

钻机再往下钻了20米，钻进了坚硬的花岗岩中。据地质学家判断，这是真正的花岗岩，是不止10亿年的远古沉积物。我们已探到了莫斯科地下深处的花岗岩，可再往下呢？这层花岗岩地下会是什么地层？可否再钻2000米好到达托着花岗岩的那层呢？科学家对此进行了激烈的争论。有人说，无法钻得更深了，想钻透这层又硬又厚的陆台，还要再钻几百米甚至几千米。另一部分科学家则坚决主张继续钻下去，他们想知道问题的答案。可再钻下去确实很难，钻探工作者已从地下深处取出来粉红色的坚硬的花岗片麻岩的岩心，再多钻1米不知要花多大力气。

这是因为今天我们所掌握的技术还不能支持我们钻得更深。所以，要想了解更深地层的情况，我们还要另想办法。对于这一点，奥地利青年地质学家爱德华·修斯于1875年提出了新想法。

地球分层学说

爱德华在地质学和那时刚诞生的地球化学的基础上提出，要从高空俯瞰地球。他将地球分为几层，每层成分均一。依据旧时哲学家的想法，他们把地球分为简单的三层：第一层是大气圈，就是紧包地球的那层大气；第二层是水圈，包括海洋湖泊，水圈覆盖和渗透地球坚硬的部分；第三层是岩石圈，岩石的深处有火燃烧。之后，修斯又分析了岩石的化学成分，根据结果继续研究了分层问题。

1910年，英国博物学家穆莱伊又将地球分成好多层，称它们为地圈。从这时候开始，化学家和物理学家，地球化学家和地球物理学家开始了坚持不懈的研究，研究每一层、每一地圈的构造。俄罗斯科学家维尔那德斯基和他的学派专门进行这个工作。

地质学家和地球化学家的任务不只是看地球的外貌，他们还要认识每个地圈中发生的各种作用以及弄清楚地球内部的构造。地球物理学家则研究了弹性振动波，这种波可以到达很深的地方，并且它的反射波可以帮助人类分清各个地圈的界限。现在，根据地球物理学，我们可以简单说说每个地圈的特性。

现代科学家算出地球上下共有13层。

最高层是我们到不了的星际空间，那里充满了流星和氢气、氦气，也有少数钠、钙和氮的原子。这层下部界限离地面有200千米。

下面是平流层：其中的氮气和氧气含量高于上层。

平流层的个别地方还夹着一层臭氧层。几百千米的高空北极光照耀着，发亮云层可高达100千米。

离地10千米～15千米的高空往下是对流层。这里便是大家熟悉的空气，这层含有氮气、氧气、氯气和其他惰性气体，还掺有水蒸气和二氧

171

化碳。

再往下是约5千米厚的生物圈，这是生物的世界。

再往下是水圈。从组成成分来看，水圈主要由氢、氧、氯、钠、镁、钙、硫几种元素构成。

再往下是固体地圈：首先是风化皮壳，它含有酸性盐和浮土；然后是沉积岩层，是由古代海洋沉积物组成的，有黏土、砂岩、石灰岩和煤层。这层深入到20千米～40千米。

再向下是变质岩层。

过了变质岩层便是花岗岩了，里面含有大量的氧、硅、铝、钾、钠、镁、钙。

地下50千米～70千米处便是玄武岩了，这层成分不再是铝和钾，而是镁、铁、钛和磷。

> 科学院院士戈利岑发明的地震仪非常灵敏，不但能察觉短距离震波，还可以接受环绕全地球的震波，并能察觉出是否是来自两个不同密度地层界限上的震波，比如地球核心反射回来的震波。这些资料正是证明岩石圈存在的有力证据。

深入到1200千米，情况急剧变化。这里不再是固体地层而是特殊的熔融物质，这层所谓的橄榄岩层的成分是氧、硅、铁、镁、铬、镍、钒。有一种叫作**地震仪**的灵敏仪器，用于地震时接受震波，通过震波就能看出地底有不同成分的地层。

有些科学家认为，地下2450千米的深处是矿层，里面含有大量的钛、锰和铁。

深入到地下2900千米，地层密度急剧变化，科学家推测这里已进入地球核心；我们对地核的性质还不是很了解，只知道多半它是由铁和镍组成，同时含有钴、磷、碳、铬、硫。

以上便是现代地球化学家和地球物理学家所能告诉我们的地球构成情况，每个地圈在成分方面一定会有含量很高的某些元素，而且每个地圈的环境温度和压力也不同。这些情况非常复杂，可能还会有许多点是错的，尽管如此，有一个地带还是吸引着我们的眼睛。我们就住在这个地带里，并且它具有特别的性质。

人类生活的地带

那是一个有100千米厚的地带，那里地球化学反应一直在进行，这里有猛烈的爆发和温度压力的波动，有地震和火山爆发；这里有地方被破坏，有地方在新生；这里深层岩浆、热泉水和矿脉在冷却；最后，这里有了人生活。人们在养育他的地层上研究自然，自然也向人类展示着它的多姿多彩。

地质学家为这个有生命的地带起名为对流层，意思是有运动的地带。在这个地带上的化学元素结合的过程决定了地球在各个地质时代中的命运。

这是纯粹属于地球化学反应的地带，最棒的是，尽管有很多块陨石落在地面上使我们科学家手中有成千上万块天体碎片，但这些陨石告诉我们，像地球上这样一个有生命有死亡的激烈地带，在宇宙中是很难看到的。

这便是人类对于地下深处化学的概念，人实际接触到的只是几千米厚的薄膜。

但是，人类的智慧是无止境的，相信随着技术手段的进步，我们所认识利用的地球范围会不再是这区区的几千米，加油吧！

地球上的原子史

宇宙的共同单位——原子

200多年前，柏林大学著名的自然科学家 亚历山大·洪堡 从那时还未进入欧洲人民视野的美洲旅行回来后做了很多演讲，希望能够向听众描绘与众不同的宇宙图画。随后，他在一部名叫《宇宙》的集子中将这些演讲里的思想记录进去。他用作书名的这个字源自希腊文，原意不仅表示宇宙，还表示秩序和美丽。

亚历山大·洪堡（1769~1859年），德国著名地理学家、博物学家，19世纪科学界中最杰出的人物之一。

洪堡认为宇宙是各种事物的总和。他本来想根据19世纪的科学成就，用自然界的规律统一性来说明宇宙秩序，并且想从他的旅行事实中找出宇宙发展过程中的特别因素，可惜他没有做到。最后，他还是把宇宙分成了单独的王国，每个王国都有代表，并且彼此间毫无联系。

那时候世界是固定不变，在神的意志下由大量互无联系的"王国"组成的旧观点还在流行，并且当时还没有出现事实和证据，也没有共同单位来当作关系之间互有联系的基础。所以，尽管洪堡想指出自然现象之间的联系，终究还是未能做到。

这个共同单位是什么呢？其实是原子。物理学和化学规律控制着自然界中各种原子的旅行和历史，现在我们知道了在天体中心原子是怎样失去电子的，也知道了原子是如何变成复杂结构的，以及每个原子核外那些像行星似的绕着原子核的电子是怎样旋转的。

我们知道，这些电子的环状轨道是怎样交错，然后在冷却星体中结合成分子的，这便是化学结合态。接着，越来越复杂的结构产生：分子、原子和离子生成晶体，构成世界的新因素，这个因素在数学和物理角度来看是非常完美的。比如石英，它是透明纯净的晶体，古希腊人称其为"化石冰"。我们还知道，美丽的晶体在地面上是如何长出和消失的，晶体碎片又是怎样生成新系统——胶体的，它其实就是生命的基础——活细胞，在活细胞胶体中的新型分子是稳定的，这类分子都含有碳。

生命物质的发展规律使原子的命运越来越复杂，这些有机物先凝成菌丝体，得用超显微镜才能看出，再然后便结成了最初的单细胞生物，比如细菌和纤毛虫类，这种生物在普通显微镜下便很清晰了。

我们周围所有原子都经历过这样的历史阶段，每种原子都有一部生命史——从最初地球冷却到出现在活细胞中。

就像有些传说所描述的，最初的宇宙是一片混沌，从那里原子旋涡出现了，它们还发射出电磁波；之后，像天文学家所说，热运动慢慢停止了，系统开始冷却。许多人想解释这个过程，但对我们来说，这个过程并不重要，我们只想知道是什么导致了这些旋涡，各种原子又是在哪里结合起来的。导致这一切的宇宙的成分是什么呢？根据科学家的研究，我们得出了答案：40%的铁，30%的氧，15%的硅，10%的镁，2%~3%的镍、钙、硫、铝，以及少量的钠、钴、铬、钾、磷、锰、碳和一些其他元素。

这100种原子旋涡搅成一团，其中几种原子含量很高，又有几种原子含量很低，低到只占千亿分之几。游离的气体原子渐渐冷却变成液体；这些火热的熔融液滴彼此靠近，它们之后发生的作用就像是鼓风炉里熔融矿石所经历的过程。

没想到吧，关于地球构造的答案，不是理论家和物理学家找到的，而是冶金学家找到的，他们擅长金属提炼和矿渣处理，知道如何在灼热的

鼓风炉里掌握各种原子的命运。这些原子在物理和化学定律的作用下分离开，这时候元素们排着队，轻的部分漂到上面，重的部分沉到下面。就这样形成了一个金属核，挨着核的是一层金属硫化物，再向外是一层硅化物。地球物理学家说，构成地球的地圈，正好像鼓风炉里的各层熔融物。

地球的矿脉分布

地面向下大约2900千米处，就是那个铁核所在的位置。这里聚集的金属主要是铁，然后是与铁同类的金属——镍和钴。除了这3种元素，铁核里还有几种元素，化学家称其为亲铁元素，是炼金术士提出的这个名字，这些元素包括铂、钼、钽、磷、硫。

铁核向上离地1200千米~1300千米是另一个地带，对于这个地带的成分，科学家们进行过很多争论，但都确定它的成分和炼铜或炼镍时炉子中生成的熔融物相似。这种物质在有色冶金厂中被叫作"粗炼金术"，其实就是金属硫化物。因此，科学家们称这层1500千米厚的地圈为矿层。这些金属硫化物指的是铜、锌、铅、锡、锑、砷、铋的硫化物，但在离地面较近的地壳里有时也能发现这些物质。

矿层上方是氧化物地带。这个地带可分成几个层次，这层地圈深处有大

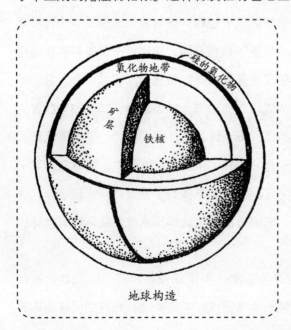

地球构造

量硅、镁、铁含量很高的岩石。对这个地带科学家研究得比较晚，直到管子似的金刚石矿脉在南非洲被发现，人们才开始对其进行研究——这种矿脉里充满了紧密的矿物，是来自地下深处的熔融物涌上来结晶形成的。

地下1000千米至地面这一层是硅氧化物，我们便是在这个地层上生活的。它的构造相当复杂，包括了各种各样的岩层和矿物。就成分来看，它与地球平均成分相差很大：氧占50％，硅占25％，铅占7％，铁占4％，钙占3％，钠、钾、镁各占2％，剩下的是氢、钛、氯、氟、锰、硫和所有其他元素。虽然这些数字是经过缜密的计算和分析才确定下来的，但地球这层硬壳的成分分布是很不均

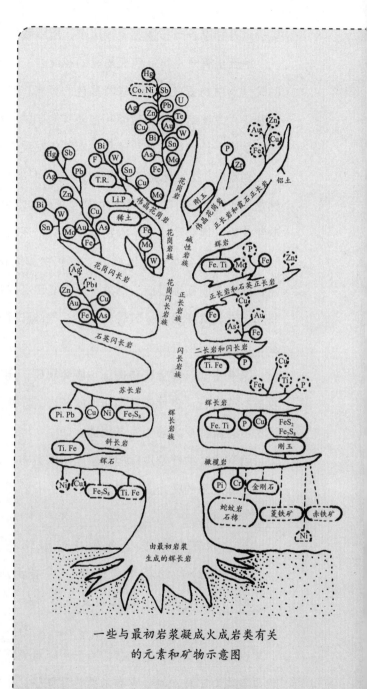

一些与最初岩浆凝成火成岩类有关
的元素和矿物示意图

匀的，各种原子分布情况也很复杂，所以我们很难确定地壳的全貌。

地壳里有时是粉红色亮晶晶的花岗岩，有时是暗色无光的玄武岩，有时又是洁白的石灰岩、砂岩和多色的页岩。在这个复杂的基础上又随意分散着各种金属硫化物、盐类和很多其他矿物。在这个景象中，我们还能找出什么原子分布规律呢？还是根本不能发现这个"花地毯"的构造规律？

别着急，据地球化学家的研究结果，我们知道这个看上去好像是各种偶然性生成的世界，其实是有相当严整精确的规律存在的。地球化学家不仅将硅氧化物、地壳和地下熔融物分开研究，还研究了各种原子和原子动态。

我们推测各地层是这样的：熔融物和氧化物就像鼓风炉里流出的矿渣，这些物质逐渐凝结，然后不断结晶出各种矿物。先结晶的是比较重的物质，它们沉在底下；较轻的物质、气体和挥发性物质向上走。例如，沉在玄武岩熔融物底部的是铁、镁含量很高的矿物，里面还有铬与镍的化合物，又有金刚石等宝石和贵重铂族金属矿；向上走的是另一类物质，这类物质生成岩石，也就是我们所说的花岗岩。正是这样形成了大陆的基础，而玄武岩就铺在大部分海洋底部。

物理化学的严密规律控制着原子的分布，自从引入这些规律后，科学透露出新思想的曙光。花岗岩熔融物中心的冷却经过是这样的：

水蒸气和其他气体从熔融物中分离出来穿过岩石，顺着逐渐冷却的花岗岩裂缝，有些物质在裂缝壁上结晶形成矿物，剩下的则冲出地面变成水流。

在形成的花岗岩中，我们首先可以看到熔融物的残留，那便是有名的伟晶花岗岩矿脉，其中含有放射性重原子，矿脉还夹带着如绿柱石晶体和黄玉晶体的宝石以及含锡、钨、锆和其他稀有金属的化合物。接着是含锡和黑钨矿的石英矿脉，然后又分出含金石英矿脉的分叉，最后是多金属矿脉，其中含有锌、铅、银的沉积物。在离花岗岩熔融物中心很远的地方，我们找到了锑化合物、红色结晶的硫化汞还有火黄色或红色的砷化合物。

这些矿脉是依据物理化学规律分布的。若它们是沿着地球裂口凝固，那这些原子会聚集变成层挨层的长环或带，包围着花岗岩熔融物。现在，人们在地球表面找出的矿物带：一条自加利福尼亚地区起，贯穿南北美洲大陆，铅、锌和银含量很高；一条沿南北方穿过非洲；还有一条长达几百千米花环似的围绕亚洲坚硬岩层，含有很多矿石和有色石块。

地球矿床的分布看上去杂乱无章，好像没有确定的规律，但现在在科学的指导下，矿床的分布变成了一幅极有规律的原子分布图。原子的性质决定了它们在地壳上的分布，依据这一原理，我们可以解决许多问题。

晶体和胶体

中世纪矿工的观察和旧式实验被真正的科学规律代替，这些规律早在16世纪， 阿格里科拉 就曾想到过，他说某些金属之间有一种神秘的联

> 阿格里科拉（1494～1555年），德国地质学家，被誉为"矿物学之父"。

系。优秀的俄罗斯科学家罗蒙诺索夫也说过类似的话，200年前他在同一处地方发现了不同矿石，他号召化学家和冶金学家共同研究原因，并且回答这几个问题：

锌和铅为什么聚在一起？

有银的地方为什么伴有钴？

镍和钴这两种金属为什么会和铀一起被发现？

具体是什么原因让不同原子在花岗岩中按规律来分布呢？如果说在地下深处时，是原子的性质所决定的分离规律使一团熔融物分出核和矿渣，

179

那么面对上面那些问题时，我们又怎么解答呢？

原子结合不仅能生成液态或玻璃态的游离分子，还能生成地下深处所没有的结构，这种结构美妙而和谐，叫作晶体。之前已经说过，1立方厘米的晶体由$1×10^{22}$个原子构成，这些原子保持一定的距离排在固定的点上，形成格子状的形貌。地壳上层的薄膜就是由晶体构成的。看看周围的一切，大部分也是由晶体构成的。

晶体规律决定着元素分布状况，晶体中的元素常常是可以替换的：有一部分元素可以在内部移动，可另一部分元素却在强吸引力下彼此联系紧密，这样的晶体会很坚硬，并拥有很高的机械强度，很难受到破坏。天体内部，原子毫无秩序；地面之上，原子谨遵规则。

我们现在讲到地球表层了，地球中心的势力可无法对地面原子施加影响，但是太阳还有来自宇宙的射线注意到了这些原子。原子们在这种新能量下，开始按照物理化学和结晶化学的规律重新运动起来。

道库恰耶夫（1846～1908年），俄国自然地理学家和土壤学家，曾任圣彼得堡大学地理学教授。创立成土因素学说、土壤地带性学说，提出土壤剖面研究法、土壤制图方法，是土壤发生学派的主要创始人。

100多年前，道库恰耶夫曾在圣彼得堡大学讲过对于地球表面土壤生成的规律的见解，他说气候、动植物是决定各种土壤带形成的重要因素，不仅如此，它们还决定了土壤层里各种物质原子的分布。道库恰耶夫有一句口头禅："土壤是自然界的第四王国。"

就是在地面上，在这层薄膜上，原子变得格外复杂，它不像是在地下深处时那么安静了。复杂的地理环境约束了原子，再加上气候的变化、季节的变化、昼夜的变化和生物的作用，促使原子开始寻求新的平衡。地底是安静的，晶体在那里产生，可以分布很广；但地面却是一个变化剧烈的世界，这里有各种力量斗争，还有各种会破坏晶体的因素存在，所以地面上精确晶体的结构很少，但晶体碎屑却很多，这种碎屑拥有新的动态系

2.4×10⁵万年

萨姆造山运动

1.4×10⁵万年

斯维科芬造山运动

却尔尼造山运动

卡累里造山运动

8.1×10⁴万年

1.05×10⁵万年

阿尔泰造山运动

5.5×10⁴万年

寒武纪

加里东造山运动

4.0×10⁴万年

3.2×10⁴万年

志留纪

泥盆纪 — 2.8×10⁴万年

石炭纪

海西宁造山运动

2.25×10⁴万年

1.9×10⁴万年

二叠纪

三叠纪

1.5×10⁴万年

侏罗纪

1.1×10⁴万年

阿尔卑斯造山运动

7.0×10³万年

白垩纪

1.0×10³万年

第三纪

第四纪

地球上的造山运动和生物进化示意图

181

统，我们称其为胶体。

化学反应在地面上不会像在地下深处那样按部就班地进行，生成的晶体会在环境影响下变成另一种晶体，有时晶体碎屑还会熔合在一起变成新物质。除了晶体，我们周围的黏土、褐铁矿、锰矿还有各种含磷化合物，也被这些外界因素影响着。

就这样我们进入了原子史的最后阶段——生命。胶体的产生已经为之做好准备：

分子结合成了复杂结构，蕴藏着巨大的力量，活细胞慢慢地产生了。

活细胞拥有特殊的结构，原子在其中时而结合，时而分离，结果生命出现了。它是原子的一种集合形态，它让原子结构变得复杂，从最小的单细胞生物一直到人类，生命的现象已成为地面的主要现象。

就这样，原子的旅行史在生命的影响下越来越复杂。

起初只是带电质子，后来形成原子核。以后变得复杂：原子核在宇宙空间的某处，电子层围在了它的四周，这样原子就产生了。原子彼此结合，生成规则的几何图形，成为化合物。晶体便是这类化合物的表现形式，这种形式最有秩序，但也限制了物质的活动。但分子复杂的胶体系统是从这里开始的。

胶体又产生出活细胞；成千上万个原子组成复杂分子，出现蛋白质，使有机的世界变得复杂玄妙。

可原子还在东奔西走，寻求新形式。我们不知道，是不是还有比晶体更稳定的平衡形式，是不是有比生命物质更有力量的物质。对于自然，我们只是知道一点点皮毛，它的奥秘多着呢！

空气中的
原子

空气是什么

空气是什么？对于空气，我们思考得那么少。我们早已习惯它包围着我们，除非我们没有获得足够的空气，否则我们很难注意到空气的宝贵。

我们知道，在高海拔地区呼吸是很困难的，有人在3000米高的地方会得高山病，身体会开始衰弱。

我们也知道，驾驶战斗机飞到5000米处高空时飞行员会很难受，要是飞得更高一些，到达8000米甚至10000米，那么飞行员就得吸氧了。

我们还知道，在很深的矿坑里我们会多么痛苦。地下1500米处压力很大，耳朵会听到嗡嗡的声音。现在，空气成了科学和化工方面最重要的课题之一。

之前很长一段时间，谁都不知道空气是什么。初期化学史上有一种思想占据了几百年的统治地位，那就是大家相信空气的成分是一种叫作燃素的特殊气体，而燃素是某种物质的燃烧产物，它是很微妙的物质，充满了整个世界。后来，法国化学家拉瓦锡在经过多次实验后，才终于弄明白空气中含有两种气体——一种可以帮助人类呼吸，叫作氧气；另一种则名为氮气。1894年，人们偶然发现，其实空气的成分没有那么简单，之前以为

现代科学家测定的空气成分（重量）

氮气	75.5%	氙气	0.00125%
氧气	23.01%	氦气	0.00007%
氩气	1.28%	氪气	0.0003%
二氧化碳	0.03%	氙气	0.00004%
氢气	0.03%	水蒸气	不固定

对生命没帮助的氮气原来不纯，其中混杂着许多别的元素。

对空气的利用

现在，我们对空气的成分分析得很准确了，就算1立方米空气中藏着1小滴其他物质，我们也能检测出来。我们周围的空气不但是生命的基础，还是新工业的奠基石。

据统计，英格兰和苏格兰全体居民每天要吸走2000万立方米的氧气，而工业所用氧气需要特别的机器设备每天从空气中吸取100万立方米的氧气。并且，工业烧煤和石油也需要氧气，燃烧后生成的二氧化碳会被排到空气中。这个过程也在生物体中进行，比如人每天大约呼出3升二氧化碳。

要想了解这个数字的意义，我们需要向大家指出，1棵桉树每天可分解相当于1个人每天呼出二氧化碳量的$\dfrac{1}{3}$，分解后生成的氧气会被送回给空气。所以，3棵大桉树分解的二氧化碳才能抵消1个人呼出的二氧化碳。可见，我们周围的植物是多么重要。我们要在城市栽种植物，爱护植物。只有植物才能把人吸走的氧气还给空气。更何况，氧气用量还在增加，我们怎能不重视植物呢！

1885年，人们第一次利用空气中的氧气制造过氧化钡。现在，氧气已成为许多化学工业部门的基础；钢铁厂早已用纯粹的氧气代替空气充进鼓风炉中；将空气变成液体，再从其中提取氧气的机器设备也越来越多。

人们不但使用氧气，也开发出空气中其他气体的用途。

在很长时间里，在空气中含量才1%的氩气在工业上毫无用途。但现在，使用复杂的机器装置每年可从空气中提取100万立方米的氩气，而每年氩气填充的电灯泡数量在10亿以上。

我们在等公交时肯定都看过站台里的广告牌，有些广告牌的灯泡里充的是氖气。氖气在空气中的含量非常少，只有几万分之一。人们还会从空气中提取氦气，氦是在观测太阳光谱时首次被发现的，空气中的氦气含量比氖气含量还低。氦气来源除了空气外，还可以从地下喷出的气体中收集。人们利用氦气填充飞艇，并且在工业方面也利用氦气达到最低温度。

不仅是刚刚提到的3种稀有气体，连氪气和氙气这两种特别珍贵稀奇的气体也进入了工业大门。空气中氪气含量不足十万分之一，氙气则更少，但我们仍然需要大量提取它们。因为在灯泡中充入氪气可以使灯泡增亮10%，充入氙气则增亮20%。换言之，这两种气体可以让我们的设备电力消耗减少10%或20%。

当然，空气中最重要的工业原料是氮气。人们在1830年首次使用氮化合物做肥料。那时候，谁都没想到利用空气中的氮气，后来人们发现氮、磷、钾是植物生长发育的必要物质时，才想起来使用化学肥料。

人们对于氮的需求那么迫切，所以1898年科学家 克鲁克斯 在谈到氮来源缺乏时便提议不如想办法从空气中提取氮气。过了几年，化学家真的想到利用电火花将空气中的氮气变成氨、硝酸和氰氨的方法。

> 克鲁克斯（1832～1919年），英国著名化学家和物理学家。

第一次世界大战时，炸药工业非常需要氮气，氮气变成了很多国家追求的目标。之后，氮气工厂不断发展，年提取量达到400万吨。这个数字不算什么，要知道空气中氮气含量达到了78%。

以上便是现代工业中空气的使用情况。工业上还在继续研究，怎样充分利用空气中的每种成分。空气几乎是一直都有的，它可以成为工业原料的源泉，但掌握这个宝藏需要时间。

现在分离空气成分的方法还不是很完备。提取氮气需要很大压力，还

需要很多能量。分离稀有气体和氧气，则需要贵重复杂的装置，先把空气变成液态，然后再一一分开。

空气中的放射气体

对了，还有一个重要部分要与读者们分享。

空气中含有二氧化碳以及煤、木炭和石灰石燃烧生成的各种气体，我们早已计算过，工厂排出的二氧化碳量是非常巨大的。工业方面建议从空气中把这些二氧化碳提取出来，并用于制造干冰。

物理学家说：空气中不但有我们刚刚说过的10种气体，还含有大量更稀少的气体，那就是放射性气体。它们是镭射气和轻金属衰变放射的各种气体。这些气体的存在时间不长，有的几天，有的几秒，有的甚至只有百万分之几秒。全世界原子核分裂后产生的这类气体充斥在空气中。宇宙射线到处引起原子分裂，先出现不稳定气体，逐步下去直到变成比较稳定的物质为止。

空气里不断有化学反应发生。对于我们周围发生的这些变化，我们所知道的并不多。将谜题解开，就等于空气科学更进一步。

水中的原子

水圈

海水、河水、地下水合在一起构成了地球上连续的水，我们称其为水圈。一望无垠的大海在太阳的照射下，不断有水分子蒸发离开大海。这些水蒸气在空气中遇冷凝结，变成雨水、雪花和冰雹落在地上。之后，它们会冲刷渗透土壤，冲毁岩石，溶解各种物质，最后又回到大海。

水便是这样不断循环的：

海洋—空气—地球—海洋

每次循环，都会带走大量岩石中的可溶物质。有人计算过，全球河流从陆地带进海洋的物质每年可达到30亿吨。换言之，每25000年被水破坏并带到海洋中的地层就有1米左右的厚度。

地球上水的作用非常大。它的化学分子式是H_2O，是地球上分布最广的物质之一。全世界的海水总体积有13.7亿立方千米！对于地质史来说，水的意义是很大的。这也是为什么地质学上存在水成论的假说。这个假说说的是地球上一切岩石都是从水里长出来的。另一个火成论假说则认为地球上的岩石是地下熔融物喷到地面上凝固成的。这两个假说曾经争论得很厉害，不过，现在我们都知道水和火山这两种力量都参与了岩石的形成。

水的化学成分

不含任何杂质的水，或者说，没有任何其他物质溶解在里面的水，自然界中是没有的。也就是说自然界里没有蒸馏水。就连雨水都含有二氧化碳和极少量的硝酸、碘、氯和其他化合物。

想要制取纯粹的水是比较困难的。空气中的各种气体，盛水容器的内壁，虽然只有很少的会溶解在水中，但还是破坏了水的纯粹。比如，用银器盛水就会有十亿分之几的银溶于水中，喝茶用的银匙也会有极少量的银进入水里。这么少的银，连化学家都几乎查不出来。可水藻之类的低等生

雪花的不同结晶

物却会因此死掉，这类低等生物对水里极微量的银和其他几种原子是非常敏感的。

天然水沿着沙、黏土、石灰岩、花岗岩等各种地面流走的同时会带走好多物质。有些科学家说，只要知道河床的成分，就能回答出河水的成分。

之前讲过，硅铝酸盐在自然界中分布很广，可天然水中铝和硅的含量却没有那么多。而且，所有河水、海水里都含有碱金属——钠和钾，还有镁、钙等其他元素，这是为什么呢？

原因与水的化学成分及盐类在水中的溶解度有关。最易溶解的化学物质正是天然水中最常见的成分。我们之前也已经说过钠、钾、钙、镁、氯、溴和几种其他元素是天然水蒸发后留下的残渣中的主要成分。天然盐水中含的也正是这些易溶于水的化合物，这些物质便是水从岩石里冲洗出来的。可见海洋是所有可溶于水的盐类收容所，由于水不断地在陆地和海洋之间循环，这些盐便在地球存在的那天起逐渐聚集在海洋中。科学家们曾试图通过计算海洋中盐的量和每年河流冲到海洋中的盐量来计算海洋的年龄，但得出的答案并不可靠。

总之，易溶盐是天然水中的主要化合物。海水含盐3.5%，其中80%是氯化钠，而其他易溶物在水里的含量比较少。不管是海水、河水，还是地下水，只要检测方法到位，所有天然水中都能找到全部化学元素。我们可以想一想，化学元素有100多种，那么不同地方的天然水成分含量肯定会有不同，科学家就根据成分将天然水分成了好多种。

海水，不管是哪个地方的海，也不管深度如何（但是要离岸远），成分总是固定的。各种化学元素在海水中的含量是固定的。但河水却不是这样的，流过不同岩层和经历不同气候的河流，它们的成分是不一样的。比如，北纬地区河流含铁和腐殖土比较多，并且河流往往也会染上这些物质的颜色；中纬度地区河流则主要含钠、钾、硫酸盐和氯；温度更高的地

海水的元素成分表
（表里的数字是百分数）

氧	86.82	铝	0.0000011
氢	10.72	铅	0.0000005
氯	1.89	锰	0.0000004
钠	1.056	硒	0.0000004
镁	0.14	镍	0.0000003
硫	0.088	锡	0.0000003
钙	0.04	铯	0.0000002
钾	0.04	铀	0.0000002
溴	0.006	钴	0.0000001
碳	0.002	钼	0.0000001
锶	0.001	钛	0.0000001
硼	0.0004	锗	0.0000001
氟	0.0001	钒	0.00000005
硅	0.00005	镓	0.00000005
铷	0.00002	钍	0.00000004
锂	0.000015	铈	0.00000003
氮	0.00001	钇	0.00000003
碘	0.000005	镧	0.00000003
磷	0.000005	铋	0.00000002
锌	0.000005	钪	0.000000004
钡	0.000005	汞	0.000000003
铁	0.000005	银	0.00000004
铜	0.000002	金	0.0000000004
砷	0.0000015	镭	0.00000000000001

方，尤其是不会流入海洋的湖泊中则常常含盐很多。

就像地区的不同可以反映水成分的变化一样，深度也能映射出地下水成分的改变。地下水越深，成分和盐水越接近。成分变化最大的是地下矿水，矿水经常会从地下喷出变成矿泉，而且许多矿泉是可以治病的。有钙含量高的矿泉，有溴和碘含量高的矿泉，也有硫、镭、锂、铁等各种矿泉。这些矿泉的形成与矿层在地下水中的溶解作用有关，也与不同成分的岩石被地下水渗透有关。根据矿泉的化学成分说明它们的形成经过，是科学上既有趣又重要的任务。

现在，让我们看看海水的元素成分表。

由左表可知，前15种元素占海水总量的99.99%，剩下的74种加起来才占0.01%左右。但它们的数量却不算少，比如海水中的金有上百万吨。

海水中含有的溴、碘、氯等元素，都是我们需要的元素。比如，碘在海水中被海藻和其他海洋动物摄取，我们便从海藻中将碘提取出来，这在我们工业上已经实现了。在大海中，海藻死亡后，碘会重新进入海底淤泥中，这些淤泥又会逐渐变成岩石。从这种岩石中挤出来的水是岩层水，碘就在岩层水中。钻井采石油时常常会碰到岩层水，其中的碘和溴含量就不少。人们已经知道怎样从这些岩层水中提取碘和溴了。

钙在天然水中的历史也很有趣。如果钙离子在天然水中含量过高，水底就会沉淀出碳酸钙从而生成石灰石和白垩。二氧化碳在其中也扮演了重要角色，二氧化碳过多时，碳酸钙会溶于水中，二氧化碳过少时，碳酸钙又会沉淀出来。

我们都知道，绿色植物会吸收二氧化碳，了解了这一点，我们也就知道绿色植物对于水中钙的沉淀会起什么作用了。

热带海洋中的岛屿——环礁，其实就是致密的碳酸钙，是海底生物生存死亡而沉积出的，当然也含有生物的石灰质骨骼。举这个例子，就是想说明海底生物对于天然水成分有很大的影响。

由北极地带到亚热带的地球原子

旅行中的思考

小时候，我从莫斯科往南到希腊旅行——那次旅行我一生都忘不了——越往南看到的景象越华丽。

出发那天，莫斯科的天气很晴朗，灰色土壤中夹杂着灰红色和褐色的黏土。到了敖德萨附近，我看到春天南方的阳光照在黑土上，黑土反射出

的光线五颜六色，美极了！这样的画面在我们走进博斯普鲁斯海峡后就变了，我们在那儿看到了一片蓝色的水和栗褐色的土壤。最后，我看到了希腊南部的风景——深绿色的松柏科植物，白色石灰石中夹杂着红色的土壤。现在，这些景色历历在目，让我难以忘却。

路途中颜色的变化给我留下了深刻印象，我记得我坚决要求我的父亲解释一下天然景色为什么会有那么多变化。许多年后，我才明白原来那次展示在我眼前的正是地球最伟大的规律之一，那就是氧化作用的规律。

那时候起，我多次旅行。从大片的密林、大平原、苔原和北冰洋地带到"世界的屋脊"帕米尔积雪的高峰，我都去过。从极北的北极到炎热的亚热带，我看到了不同地带上进行的不同化学反应，看到了原子不同的命运。

请跟随我来看看不同的景色，我们这次要从斯匹茨卑尔根群岛顺着箭头到印度洋的斯里兰卡岛。

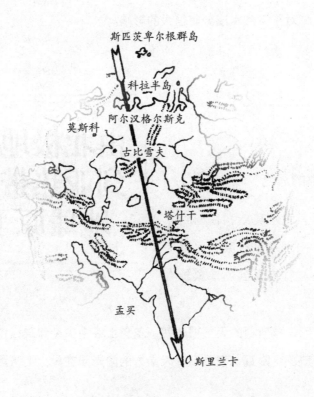

原子旅行

斯匹茨卑尔根群岛也叫斯瓦尔巴群岛，是一个古老的岛屿，四周围绕着整片的冰。这里有一片死寂的冰漠，没有化学反应，岩石崩毁成沙或黏土，严寒浸透到地下，岩石的碎屑堆积成崖锥。只有鸟儿停留的地方有时会堆积起一些有机体，在这片冰野中，几乎只有磷酸盐一种矿物。

往南走走，来到了科拉半岛，这里有缓慢进行的化学反应。岛上的岩石洁净极了！清冷的早晨，拿望远镜向几十千米的野外望去，所看到的岩石和博物馆里的一样干净。在一片面积广大的陆地上，我们可以看到一层褐色氧化铁薄膜。只有低洼处才有泥炭堆聚，植物的有机体进行着缓慢的氧化作用，变成褐色的腐殖酸。一到春天，水流会把这些腐殖酸和其他物质一起冲走，给湖沼地带凝冻状的泥炭层染上颜色。

再向南就到了莫斯科附近，可以看到另一类化学反应。那里也有有机物的缓慢氧化，也有春水溶解铁和铝，莫斯科附近包围着白色和灰色的沙，大片泥炭田上覆盖着的蓝色磷酸盐闪着明亮的光点。

更往南，景色就逐渐变了，原子进入了新环境，化学反应变了样。我们看到莫斯科周围灰色的黏土怎样被伏尔加河中游的黑土带代替。看到阳光是怎样逐步改变地球表面的形状，从而让化学反应越来越激烈。

从伏尔加河左岸起，化学反应就有了新性质：这里开始出现广大的含盐地带，自罗马尼亚边境起穿过莫尔达维亚，沿着北高加索山坡，贯穿中亚，直到太平洋沿岸。这个地带含有各种氯、溴、碘的盐类。并且这些盐聚集在上万个三角港和死水湖里，这里进行着沉积物形成的复杂过程。

我们再向南走到了沙漠，在这里我们看到，一片片绿色草原植物之间

是大片大片的岩土，白色的盐粒在阳光下闪闪发亮，巧克力色的阿姆河水穿梭在这些植物中间。这幅鲜亮的景色表明原子进行着新化学反应：原子之间交换位置在沙滩上寻求着新的平衡。一部分原子聚集成沙，一部分原子则溶在水中。这些原子被风刮走，被暴雨冲走，又在沙漠盐土和盐沼中沉积起来。

天山脚下的颜色更加鲜明。激烈的化学反应到处都有，原子在这块区域的旅行路线相当复杂。我第一次旅行到天山某个矿区时，映入眼中的那五颜六色的景象是我这辈子都忘不了的，我曾把那幅图画描绘在我讲宝石的书里：

岩石碎屑上覆盖着一层鲜蓝色和绿色的铜化合物薄膜，有些地方颜色深得像橄榄，那是含钒矿物；有些地方存有青色和浅蓝色交杂在一起的含铜水合硅酸盐。

许多铁的氢氧化物摆在我们眼前，各种颜色都有：有金黄色的赭石，有鲜红色的氢氧化铁，有黑褐色铁和锰结合的化合物；连水晶都有"康坡斯捷尔红宝石"般的鲜红色，黄色、褐色和红色的重晶石矿；洞窟里粉红色的黏土沉积物结晶出红色针状的羟钒矿。

地球化学家们仔细观察这幅图画，想研究清楚它的成因。首先要注意的是，化合物都已经被严重氧化，这些矿物就是锰、铁、钒、铜被高度氧化的结果。他们知道，这是由于南方太阳的照射，由于电离状态的氧气和臭氧的存在，由于热带雷雨时的放电使空气中的氮气变成了硝酸。

箭头带我们走出沙漠，走上4000米的高山进入了一片荒野中。这片区域的地上不是沙子而是冰块；这里看不见鲜艳的颜色，丝毫没有刚到中亚低地时看到的那种原子旅行的痕迹。摆在眼前的情形正和我们在斯匹茨卑尔根群岛见到的景象一样，到处是碎石片堆积起来的崖锥，这片冰雪世界中只有少数地方有一些盐类和硝石。这幅景象很容易让人联想起北极地带的荒凉；所不同的是这里有时会有电闪雷鸣，表示还有些生气，这里空气也会有放电现象，在放电时产生硝酸，并在帕米尔高原荒地里沉积出硝石。

顺着箭头再往前走，过了喜马拉雅山后，我们又重新看到了南部亚热带的鲜明色彩。干旱炎热与连绵阴雨交替着，地面上极其复杂的化学反应进行着，可溶的盐类都被带走了，铝、锰和铁矿石聚集成厚厚的红色沉积层。

再往前到了孟加拉，我们看到了血红色的红土。有时大风卷起新土飞扬到空中。你瞧这热带巧克力色的印度土壤；灼热的太阳照射着岩石碎屑，仿佛在上面涂上了一层半金属的假漆，穿插在印度亚热带的红色土壤中，只有很少地方沉积着白色和粉色的盐层。

原子旅行到了印度以南就更加丰富了，碧绿的印度洋冲刷着红色海岸，玄武岩被爆发的火山从地下喷了出来。浅水的岸边连同那里的贝壳、珊瑚，一直到海底深处的珊瑚礁和珊瑚石灰岩，都能看出复杂化学反应的身影。死亡的海生动物骨骼沉积在海底淤泥中，堆积成磷酸盐质的纤核磷灰石。硅石被河水冲出来，放射虫就用硅石建造自己网状的细壳，有孔虫则吸取钒和钙来建造它的骨架。

北极地带和南部地带的景观怎么会相差如此之大呢？现在，我们知道了，这是因为阳光，因为氧化，因为湿气和高温。这种差别还和生物生活作用有关——生物在生长发育过程中需要大量不同的原子。大量的活细胞残骸在南部灼热的阳光下，分解出二氧化碳，二氧化碳溶于水后使水的酸性增加。南方化学反应的速度要比北方快很多倍，据科学计算，在大多数情形下，温度每升高10℃，普通化学反应的速度就增加一倍。

北极地带的原子是那么呆板安静，而亚热带和南方荒地中的原子旅行

路线则那么复杂，这个原因我们现在明白了。我们把前面讲过的称为化学地理学，我们已经知道，自然界以及地球上的大陆和地区，都进行着化学反应。

在决定地球化学作用的因素中，人为活动所起的作用越来越大。近百年里人的活动被限制在中纬度地区，后来才逐渐开发到北极地区和沙漠。

人给自然界带来了新的化学反应，同时也破坏了一些天然作用。这门所谓的化学地理学，其实在确定土壤学基本原理时早已被注意到了。

土壤学诞生在俄国，19世纪80年代，著名的"土壤学之父"道库恰耶夫在圣彼得堡大学的讲堂上发表了著名的言论，从北极苔原叙述到南方沙漠，揭开了土壤学的神秘面纱。那时，还不能用化学的语言表达库恰耶夫卓越的见解。但现在，化学已深入地质学领域，农业化学家开始掌握植物生活和土壤中所进行的化学反应，而在地球化学家研究了原子所能旅行到的全部地区后，我们对于每种原子在地球上不同纬度的区域所经历的过程也逐渐明了了。

过去的历史告诉我们，地球上每个地方的面貌都发生过变化。在将近20亿年的

北极

南极

时间里地壳发生过好几次变化，起初只有两极的山脉有高出雪线的山峰，之后才逐渐向南褶皱隆起像阿尔卑斯和喜马拉雅那样的山脉。包围着地球的大海也自北向南移动过，每个地方都发生过海变成山，山变成沙漠，再变成海。可见，漫长的地质史上，化学反应的过程和原子旅行也发生过变化。所以，现在地球上每一处的土壤和岩石，都反映出在不同时代里原子所经历的化学命运。

活细胞中的原子

生物体对地球的作用

我们都知道，煤是由植物残骸变成的，海里软体动物的外壳常常生成石灰岩层。用显微镜观察石灰石、白垩、硅藻土和其他几种沉积岩，就会知道，它们是由生物骨架紧密聚集形成的，并且这种骨架小得需要显微镜才能看清楚。

地质学家很早就意识到，地球生物对地球表面所进行的变化有巨大的影响。活物质多多少少都参加过地球的化学反应，比如岩石的形成，某些物质在水中的溶解和沉淀，以及生物骨骼生成石灰岩。但不是所有海洋生物的骨架都是石灰质的，不少生物骨架其实是硅石质的，例如海绵。

最重要的是，地球上的所有生物在生活过程中需要吸收和排出大量物质，好像它们只是让这些物质通过自己的身体而已。最小生物体里这种通过作用进行得很快，像细菌、水藻和别的低等生物就是这样。主要是因

为这些低等生物繁殖速度很快，它们每几分钟就分裂一次，但它们寿命很短。

我们之前讲过，绿色植物会在阳光下释放氧气，吸收二氧化碳。而空气中的氧气除了供给动物呼吸，还要氧化死掉的植物的残骸以及某些岩石。二氧化碳在植物里经过生物作用会变成碳水化合物、蛋白质和其他化合物。

请大家想一想，如果地球表面——海洋、平原和山地上，所有生物都死了，地球会是什么样子？那样的话，空气中不会再有氧气，氧原子会与生物残骸结合在一起，空气成分会改变，也不会再有石灰岩和白垩生成。地球会完全变成另一种而且面貌。

生物在地球化学上的行为各式各样，各种生物都可以参加复杂的多种作用。

想弄明白生物在地球化学上的作用，首先需要知道生物体的化学成分。构成生物体的物质都是生物从周围的环境——水、土壤和空气——中用不同方法获得的。

人们很早就知道，所有生物体的主要成分是水——H_2O，在生物体中水的平均含量是80%左右，植物中水含量会稍微高些，动物则含得较少。所以拿重量来说，生物体中氧元素占第一位。碳在生物体构造上起着非常重要的作用，碳和氢、氧、氮、硫、磷生成了好多种不同的化合物，比如，各种蛋白质、脂肪和糖类。这些碳化合物来源是二氧化碳；生物体里还含有大量的氮、磷、硫，它们生成复杂的有机物；生物体中还含有一定量的钙——在骨骼里，另外还含钾、铁和其他一些元素。

起初人们认为，对生物体来说，只有含量最多的10～12种元素很重要。后来才知道有这样一些生物体，它们除了含有常见的10～12种元素外，有些铁含量很高，有些则集中了很多锰、钡、锶、钒，也有许多集中了一些稀有元素。比如说，已发现硅在硅质海绵、放射虫和硅藻生活中起着重要的作用，这些生物的骨架就是由硅氧化物构成的；铁菌体内集中了很多铁；某些细菌则集中了锰或硫；有些海洋生物，它们的骨架里没有钙而含有钡和锶。

还有一些生物，比如一些海里的无脊椎被囊类动物会从海水和海底淤泥中挑选出钒原子并聚集起来。要知道，钒在海水和海底淤泥中含量是很低的，等这类动物死亡后，钒就会集中聚集在海洋沉积物中。另外，海藻会从海水中挑选碘，海水中碘含量只有亿分之几。海藻死亡后，碘就集中沉积在海底泥土中。这种泥土后来变成岩石，岩石缝里会有含碘的矿水。像这种经由生物体将元素聚集起来的地球化学作用，是很伟大的。

研究生物体成分的技术越完备，我们从其中发现的元素就越多，虽然每种新发现的元素含量都很少。起初，我们只敢说，那些在生物体里发现的银、铷、镉和其他一些元素只是混杂的物质，但现在我们可以肯定地说，差不多每种化学元素都能在生物体中找到。问题只是，在不同生物体中这些元素的含量有多有少。

我们可以断定，生物体成分绝不是周围环境——岩石、水、各种气体成分的简单加和。举例来说，土壤和岩石里含有很多的钛、钍、钡等元素，但生物体中钛含量只有土壤含量的几万分之一。另外，土壤和水中的碳、磷、钾以及其他几种元素含量很少，但这些元素在生物体中则含量很多。

从地球化学角度来看，构成生物体主要成分的元素在自然条件下都是易流动的气态或液态化合物。比如CO_2、N_2、O_2、H_2O——这些或者是气体，或者是易流动的液体，都容易被生物摄取。还有碘、钾、钙、磷、硫、硅和另外几种元素，则很容易生成易溶于水的化合物。

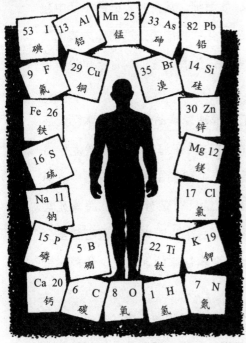

人体含有的化学元素的种类

至于钛、钡、锆、钍等，虽然在土壤和岩石中含量丰富，但它们的化合物不易溶于水，因而也就很难在生物圈里移动，也很难在生物体中聚集起来。最后，像镭和锂这类元素，在生物圈中本来就不多，所以在生物体中就更少了。

生物体里有些元素含量太少，少到只有万分之几，那便是常说的微量元素。现在，大家都知道，微量元素的生理作用是很重要的。比如血液里血红色的铁，就是通过亚铁离子的氧化还原来运输氧的。

生物体在地球化学中的作用

我们能画一张生物体解剖构造图来说明什么器官和什么组织里聚集了什么元素。但我们不说这个，我们现在是在研究生物体在地球化学上的作用。

我们应该承认，各种生物是在执行不同的地球化学任务，至于任务是什么，则需要看生物体内集中着哪些元素。比如"钙质"生物死亡后，它们的骨架堆成石灰岩，那么这些生物参与的便是钙的历史。

我们的任务是想研究清楚各种生物对各原子在生物圈里的地球化学史有什么影响，怎样评价以及怎样利用这种影响。

现在，通过观察某地植物的特性和某些植物中集中的一些金属，来寻找这些金属的矿床。埋在土壤下的矿石，难免会污染土壤。土壤中镍、钴、铜、锌含量增加，也就会使当地植物里含的这些元素分量增加。所以，分析测试各种植物的成分，要是发现某种元素含量很高，就可以挖探井勘探一下。有几处锌矿、镍矿、钼矿就是这样发现的。

植物也好，动物也罢，任何生物都有自己的"习性"，它们从水、土壤、岩石等外界环境中集中某些元素。假如某处它们集中的元素太少或太多，生物形态就会改变，表现出来的生长就是不正常的。譬如，有些地方的土壤、水和天然产物里碘含量很低，那么在此生活的动物就多患有甲状腺肿的疾病。

这一切都表明：生物与周围的环境之间的联系是多么的密切。

人类史上的
原子

炼金术士的发现

翻开化学元素的发现史，我们会遇到许多新鲜奇怪的事情。我们无意中发现了最初的几种元素，事先不仅没有想到它们，而且也不知道这就是掌握了自然界里关键的一个秘密。不知道经过多少人、费了多少心血，才将元素是构成一切物质的基础这种思想从实践渗透到人们的意识中。

炼金术士不懂得区别单质和化合物，但是他们还是了解几种金属的，也包括砷和锑这种物质。下面这首诗反映了他们当时的智慧：

创造世界的7种金属，

201

正合着7个行星的数。

感谢宇宙一片好心，

送给我们铜、铁、银，

还有锡、铅、金……

我的儿子！硫是它们的父亲。

你，我的儿子，应该快懂：

它们生身的母亲是汞！

——莫洛佐夫译诗

炼金术士的7种金属
和7颗星

炼金术士，包括后来一段时期的化学家，都以7颗星之名称呼这7种金属：金是太阳，银是月亮，汞是水星，铜是金星，铁是火星，锡是木星，铅是土星。虽然他们也知道砷和锑在受热的时候容易被氧化和升华，但是炼金术士不把它们当金属看待。遗憾的是，炼金术士通常以奇怪的，甚至是难以理解的譬喻来描述自己的"处方"，让人摸不到头脑。

比方说，所谓的"炼金术士的哲人手"，掌上看到鱼，这是汞的符号，还看到火，这是硫的符号，鱼在火里，是说汞在硫里，炼金术士认为这是一切物质的开端。这些元素产生5种主要的盐，就如手掌生出的5个手指，5种盐的符号就画在手指上面：钥匙是食盐的符号，六角星是

炼金术士哲人手

绿矾的符号，王冠和月亮是硝石的符号，提灯是明矾的符号，太阳是硇砂的符号。

炼金术士说："取国王，把他煮沸……"我们明白他指的是硝石；"长手指一磅"指的是硇砂。炼金术士知道每种金属各有一种相应的"灰"，用酸和这些金属作用能够制得各种"灰"（氧化物）。他们认为灰是单纯的物质，反倒是金属为灰和燃素的集合体。所谓"燃素"是一种特别易飞散的火质。

而罗蒙诺索夫和 拉瓦锡 证明事实恰好相反："汞灰"是复杂的物质，是汞和气体氧的化合物，而且"汞灰"的重量正好等同于汞和氧的重量。大家公认的现代化学开端的年代是发现氧的那些年（1763～1775年），也是粉碎炼金术士幻想的年代，那种幻想已经阻止人们科学地研究自然太久了。

> 拉瓦锡（1743～1794年），法国著名化学家、生物学家，人类历史上最伟大的化学家之一，被誉为"化学之父""现代化学之父"。

真正研究的开始

那时已经发现了几十种元素：布兰德早在1669年发现了磷；18世纪中叶人们发现钴和镍，同时金属锌被从"锌灰"里提取出来。随后，安多尼奥·乌洛阿在1748年的美洲发现一种像银的金属，叫作铂。

然而，真正地研究一切单质，是从18世纪70年代到19世纪的初期开始的。1774年氧和氯被发现，10年后，氢被卡汾狄士电解水而发现了，同时水的成分被阐明。

在这以后人们开始有规律地发现新元素：人们采用自然界新发现的物质来探索新元素。像锰、钼、钨、铀、锆等，都是这样被发现的。

1808年，戴维改进了之前的电解方法，他提高了电流强度，又将生成物保存在煤油里和矿物油里以防它们被氧化。通过这样的方式制得了纯态

的钾、钠、钙、镁、钡、锶等碱金属。

1804～1818年，人们发现了14种元素（除了前文提到过的，还发现了碘、镉、硒、锂），再后来又陆续发现了溴、铝、钍、钒、钌。然而，之后有一段时间没有新的发现，原因是老的研究方法已经不再有效，需要新的方法。

直到1859年光谱分析方法的产生，新元素才又陆续被发现。用这种方法发现的新元素与早时发现的元素性质接近，用旧的分析方法无法很清楚地区别它们。光谱法陆续发现了铷、铯、铊、铟、铒、铽等元素。直到1868年门捷列夫的元素周期律提出时，已有60多种元素被人们发现。

从那时起人们相信肯定还有未被发现的元素存在。每种元素就是元素周期表中的一格，元素的总数是有限的，空格则表示元素尚未被发现。

门捷列夫预言了3种尚未发现的元素，他给它们起了名字，第31号空格、第32号空格和第21号空格分别是"类铝""类硅"和"类硼"，并事先指出了它们主要的物理性质和化学性质。后来这3种元素果然被发现，它们的物理化学性质也证实了门捷列夫的预言。"类铝"定名为镓，"类硅"定名为锗，"类硼"定名为钪。

元素的物理化学性质

地壳中含量多的元素未必就是人们最早发现的。例如，金、铜、锡三种元素在地壳里的含量很少，然而人类最先认识的金属就是它们，它们很早就出现在人类的技术文化史中。可是它们在地壳里的平均含量非常低，铜是百分之几，锡是百万分之几，而金甚至只有亿分之几。然而铝作为地壳中广泛分布的金属元素（地壳含量约7.4%）却是很晚才发现的，20世纪初甚至还被当作稀有金属。因此金属被发现的早晚不取决于金属元素的量，而在于这种元素是否容易形成单质，是不是容易通过大量聚集而形成所谓的"矿床"。如果它易于形成单质和矿床，那就便于人们的发现、使用和研究。

每发现一种新元素，化学家要首先研究该元素的物理化学性质，这是初步认识元素的方法。然后化学家会观察它的特性，即这种元素与众不同的特点。

例如，相对水来说，锂的比重只有0.53，作为金属它竟能漂浮在汽油上，这难道不算稀奇吗？而锇呢，正好相反，比重是22.5，约有40倍的锂那么重。镓30℃就能熔化，可是它的沸点却很高（2300℃），难道这不算稀奇吗？是很稀奇，然而用途呢？你们要想知道，请听我说。

先说一说镓。在测量物质耐热性的时候需要用到高温。而测量高温的温度就有问题了，因为汞的沸点是360℃，低于这个温度时操作没问题，但是超过这个温度的话汞温度计就失效了。这里就需要镓温度计了，如果用难熔的石英玻璃管制备的镓温度计，温度可以测量到2000℃，这样就解决了测高温难的问题。

再说说重量。重量就是重力，是一种指向地心的力量。重量抑制物体运动、速度和腾空。要想在地面上迅速运动甚至飞翔于天空，那么人们就得克服重力，于是人们设法研制又轻又结实的机器和材料。不久人们找到两种特别合适的金属：铝，比重是2.7；镁，比重是1.74。

现代飞机的大部分零件都是铝制的，准确来说，其实是铝和铜、锌、镁等金属的合金制的。可是铝也不是一开始就在飞机制造业占据统治地位的，为了改良它的性质——强度、弹性、耐火、耐氧化、硬度等性质，人们是经过了艰苦的努力的。当制取铝的方法被研究出来，首先厨房就被它占领了。铝制的锅子、匙、杯子，轻巧、干净，还不易被氧化。最初提炼出来的铝就是用于这些方面。然而当时铝还未被用于工业，铝质地不算坚硬，而且也难以熔化，也不能够用来焊接。那能将它用在何处呢？直到硬铝的成功研制才使得铝引起全世界的注意。硬铝是一种很坚硬的合

金，它的制备方式很像在厨房里做菜：向盛着铝的坩埚内放入不同金属，混熔完毕后取出。

当时人们都不明白的是，为什么铝只是加入4%的铜和0.5%的镁和极少量某些其他金属，就会变成奇异的硬铝呢？硬铝不但坚硬，而且易于锻炼。锻炼以后的硬铝还要连续软化几天，这几天它仿佛需要"积蓄力量"，其间铜的小颗粒形成硬铝的骨架。现在已经有比硬铝更好的合金，如俄国制造的环铝硬度就要超过硬铝。

硬铝和其他轻合金在工业中的应用，对一切交通运输工具都意义非凡。地铁或电车的车身用铝来造，能够比用钢造减轻$\frac{1}{3}$的重量。钢制电车每个客座是400千克左右。如果改用铝来造，每个客座就减少到280千克。

金属镁的历史很有趣：它可以说是两次被发现。戴维首次发现镁，然而在之后的100多年当中，人们并没有认识到它的用途，只把它做成镁带或镁粉用在烟火中。到了20世纪，人们发现这种被当作玩物的金属竟然具备很独特的性质，利用好它，有望在工业领域掀起革命。

铝固然满足了人类飞翔的梦想。然而人不只是要飞，还要飞得越远越好。假如造飞机的金属再轻一些（假定轻20%），那飞机就能装载更多汽油，航程岂不又可以多几千千米？但是哪种金属会比铝更轻呢？

这就不能不说到镁了。镁的比重是1.74，比铝还轻35%。然而制造飞机的金属不仅要轻，还要坚硬和抗氧化，而镁却没有这些性质：镁甚至能和开水反应，变成白色的粉末——氢氧化镁。镁更易燃烧，比木头烧得更好。但是化学家和工程师们并没放弃希望，因为合金会得到他们所需要的性质。果然，添加极少量的钢、铝、锌，镁就不会再被氧化，而且硬度明显提高。我们称镁合金为"琥珀金"，即含镁量40%以上的一切合金。除镁以外，琥珀金里还含铝、锌、锰和铜。

这就是镁被发现的经过，从此镁成了飞机制造业上的应用金属，地位得以快速巩固起来。飞机发动机的制造尤其需要镁合金，用它制造的飞机发动机零件坚固经久，耐疲劳。

金属难道也会"疲劳"吗？很遗憾，是的。钢制弹簧不断地来回伸缩，就会逐渐失去弹性，变脆而且会折断——这就是金属"疲劳"了。同样地，发动机的轴疲劳了也会折断。但是有些合金很能"经久"，它们内部不同金属的原子之间存在异常紧密的联系，不论如何敲打这类合金，并不会削弱原子间那种联系。镁合金便是如此。当然镁不仅被用于飞机制造业，也普遍被应用于汽车制造业，用镁合金制造的零件工具轻巧坚固，重量只有钢制的五六分之一，可强度甚至会比钢制的还大。

镁也是地壳中广泛分布的金属：地球上无处不有，而且它跟铁一样，易于聚集在一起，因此易于开采。另外海水和盐湖中也富含镁元素，例如克里木海岸的锡瓦什的湖水就富含镁元素。

光卤石是镁的主要矿石（氯化钾和氯化镁的复盐），俄国富含光卤石矿藏，尤其以索利卡姆斯克的储藏量最丰富，这种矿层分布于地面往下深到100~200米。人们拿炸药把矿炸开，用风镐击碎矿石，然后运到地面上来。

因为镁和氯结合得很紧密，矿石运出来以后还要费不少道工序才能将其分开。人们先要让光卤石熔化，再通入直流电。电流破坏了镁和氯的联系，于是金属镁就被人们制得了。

海水里提炼镁也是制备镁的重要方法，海水里含盐3.5%，镁占其中 $\frac{1}{10}$，也就是有3.5千克的镁在1立方米的海水里。

海水提炼镁的办法很简单：先将海水过滤然后加入消石灰，得到氢氧

化镁沉淀，此时海水变浑浊。然后将海水静置分层后倒出上清液。剩余沉淀在过滤器里压干，再用盐酸溶解沉淀，干燥后得到氯化镁固体。将熔融的氯化镁用电解法电解，产生镁金属。这就是海水制镁的过程。

镁不但能制造机器，而且还具有很好的燃烧性。镁燃烧温度可达3500℃，镁和铝的混合粉末可以制造非常猛烈的燃烧弹，这是工业上不能忽视的。镁能够用来锻造特种青铜，工业上对镁的需求很高，它具有光明的前途。

还有一种"飞行"金属，它也被用于飞机制造业中，这就是铍。比重为1.84，但是它比镁强度更高。铍的合金的性质强于迄今为止用于飞机制造业上的任何合金。由铍合金制造的工具，噪音小且没有火花，安全性高。将适量铍加入镁中，形成的合金特别坚固耐用而且不易氧化。因此人们常在提炼镁的过程中加入少量铍来防止氧化。

于是人们会问一个问题：更轻的合金是否存在？

这就要说到锂了。锂的比重只有0.53，几乎跟软木一样。向铝合金和镁合金里加入微量锂，就能够大大增加这些合金的强度。遗憾的是，现在还没有制造出锂含量较高的合金。锂在自然界的含量不低，地壳中含量大致与锌相当，生成锂辉石和锂云母大量存在于锂矿之中。这样看来，假如锂和铍制成的合金具有很好的应用性能，还能加速锂的开采。但是锂合金的研究还没有取得突破，这也是当前的重要任务。

锂也存在于矿水之中，医生说锂含量高的水（譬如法国维希有这种水）颇具治病的功效。不过锂最诱人的用途还是用来合成轻巧坚固且不受氧化的合金材料，用来制造飞机。

然而在工业和运输部门里，轻的金属和合金现在还不能完全取代黑色金属——钢、铁和它们的合金。现在来说一说这些"老前辈"，它们虽说被应用很久了，可是依然活力不减，依然被不断地制作出性能出色的合金。

　　铁、钛、镍、钴、铬、钒、锰、钼和钨，这些性质接近的金属构成了我们最常用的金属——合金钢。我们可以认为合金钢的成分都是"钢"，也就是含碳的铁，它们的合金化就是掺进不同的稀有金属，这就改善了它们的根本性质。

　　如果去掉合金钢里的铁，完全用稀有金属代替，那合金就不再是铁的合金了。譬如只含钨、铬、钴三种金属的斯大林合金，它是高硬度合金的鼻祖。工业上切削金属的速度在应用这类合金以后空前提高——起初只能达到70～80米/分钟，现在已达每分钟几百米。

　　钨这种高强度硬质合金的产生和应用大大改进了金属切削的技术。好几百种空前坚硬的钢被人们用钨和钼制成，其中有耐热钢、弹簧钢、穿甲钢、装甲钢、炮弹钢等。任何工业部门均会被稀有金属钨和钼的独特性质的发现所影响。

　　严格意义上来说，"稀有"一词用在这些金属上是过时了。钼在地壳里的含量相当于铅的两倍，钨则相当于铅的7倍。它们的含量其实很丰富！而且现在由于在工业上的普遍应用，它们的开采量也在飞速增加，甚至要赶超"非稀有"金属的开采量了。

　　钼钢一般用来制造炮架和炮，锰钼钢用来制造装甲和穿甲炮弹。对制造汽车和飞机的良好金属通常有3点性质要求：极强的韧性、优异的弹性、抗振动撞击。近年来，钼因被用于制造轴、连杆、轴承、飞机发动机、管子等而需求量增加，特别是和铬、镍合用。

　　高性能灰铁的铸造是钼的另一个用途。向这种铁中加入微量钼（0.25%），它的机械强度就会显著提高，特别是增加了抗张强度、弯曲强度和硬度。

　　在电工业上钨丝和钼丝被大量用于真空管，白炽电灯的灯丝即用钨制

成。钨的熔点高达3350℃，高于其他一切金属。熔点只略低于碳（熔点为3500℃）。还有两种元素熔点与钨接近：钽（3030℃）和铼（3160℃）。钼的熔点为2600℃，可用作电灯灯泡的钨丝支架。

可见，只是发现元素还是远远不够的，发现了以后，还得研究它在应用上的独特性质，那样人们才能真正应用它，才能实现它的价值，变成人类不可或缺的元素。例如，钨制造的汽车发动机里的接触端子，钨片只有$\frac{1}{10}$毫米薄，然而它可以保证汽车上分电盘的接触端子安全使用几百小时。

铌也是一个很贴切的实例，起初人们认为它是没有用处的元素，因为它常常和钽在一起，人们反倒觉得它把钽"弄脏"了。可是后来发现，将少量铌加入钢中就会使钢变成电焊钢制品的极好的焊接材料，焊接非常坚固，从此铌也被人们大量需要了。

元素的"命运"

目前，越来越多的元素用在了工业上，而且因为工业技术的进步，会一直需要新的元素加入，这种进步是没有止境的。在这方面化学家和地球化学家起到了决定性的作用。

既然工业上需要的物质都取材于地球，那工业上的进步会对地球产生怎样的影响呢？人们甚至都想把地壳挖开，取出一切需要的物质，而从不考虑取走的东西不会回来。地球里的物质会不会被人类损耗尽呢？

根据以往人类在地球上的发展史来看，人类脑中难免会产生这个问题。另一个促使我们提出这个问题的情况是：我们每年从地下开出的矿产越来越多。这不由得让我想起一个工程师的故事，他在矿山上工作，住在一座大山附近的小房子里，大山富含菱镁矿，可是两三周过后，山就消失了，因此他只能搬到水泥工厂里去了。钢铁厂堆积如山的矿渣说明人的活动也在有力地改造着地壳。

碳的命运是全世界化学工业中面临的最重要的问题之一，人类在这方面起的作用特别大。自然界里的碳有三种分布类型：活物质、煤和石油、二氧化碳——碳的氧化物。但是二氧化碳含量最高的应属它和钙化合成的石灰石。

空气里的二氧化碳含量在2万亿吨以上，因而里面含的碳有6000亿吨。每年人类开采的煤炭和石油分别为10亿多吨和2亿多吨。煤和石油经燃烧变成二氧化碳，这样每年空气里要增加30亿多吨的二氧化碳。假如二氧化碳不能很好地被植物吸收及溶解于海洋，二三百年后空气中二氧化碳的浓度将升高一倍。

人利用煤和石油的结果是促使碳分散于自然界，应用的规模是那样庞大，所以人的活动其实是和真正的地质变革的规模相当的。金属同样被人类干涉：差不多有10亿吨的铁（包括制品）掌握在人类手中，但是铁由于性质活泼而被不断地氧化。同一时期内氧化损耗的铁几乎要超过冶炼出的新铁。

金的情况就要好些了：做试剂，镀其他金属，连同损耗在内，每年的量也就1吨左右，它每年的开采量大约600吨，因此损失微乎其微。

至于铅、锡、锌那类金属，它们的矿床本来就不多，人类开采它们的结果则是将它们一去不返地分散在自然界中了。

人类在农业上和工程上活动的规模是空前的，完全可以比拟自然界的作用。

耕耘土壤来满足农业上的需要，这在地球化学上意义非凡，因为这样做的结果是土壤会受到大气里的水和空气的激烈作用。

农作物从土壤里带走大约1000万吨磷酐，3000万吨的氮和钾。这些数

字和对土壤施用的肥料相比微乎其微。这些被植物摄取的元素落入动物的循环圈，然后最终散失掉。

总之，人类在农业上和工业上的活动导致元素的分散。人类每年开采矿石的总数约1立方千米，再把灌溉渠和建造堤坝等的数算进去，那么就有2～3立方千米。全世界的矿渣恐怕也有1立方千米。请看人类扔在地球上多少化学工业上的废物！

世界上所有河流每年冲走的沉积物约15立方千米，比较一下人类的活动，那么不能不承认，人的活动和河流的作用接近且同样重要。再看建筑业，单单是俄国，每年就要消耗10亿吨以上的各种建筑材料。

人改造自然的速度日益加快。虽然从储量上看各种元素还远远不到枯竭的时候，但是并不是所有的储量都是可以被人类开采出来的。元素被开采的前提是能够形成聚集，而聚集形成的矿床并不是很多。按它们已知的储藏量，好几种金属只能勉强满足工业上的需求。所以人类一定要加紧寻找金属矿源，以便满足工业上越来越大的需要量。

战争中的原子

战争中的"战略原料"

交战国家会把全部经济投入战争，这是现代战争的特点。在第一次世界大战期间这个特点表现得尤为明显。炸药、钢铁、硝石、石油、甲苯、黑色金属都开始影响军事行动。军队战斗力很大程度上要由原料供应来决定。

1916年凡尔登战役持续了10个多月的时间，消耗的原料达到了空前的规模。德国军队向这个要塞的守备部队投入了近100万吨的钢铁，把战场连同地下防御工事变成了钢铁"矿"。

用于战争的原料用量比例急剧增加。1917年，德国军队开始挖战壕转入阵地战，他们对于水泥的需求大约是当时德国水泥全年的产量。第一次世界大战期间，交战国对于碘和硫酸的需求量超过了当时全欧洲工厂生产能力的好多倍。

到了1917年年底，法国所存的钢铁只够用一周，炸药也快用完了。由于德国潜水艇击沉了英国商船，使得英国的煤和粮食出现严重短缺，饥饿威胁着千百万人的生命。但德国消耗原料的速度比协约国快，有色金属已经没有来源，战场上搜集来的金属碎片也不够用。

缺乏原料使德国面临崩溃的危险，失败的命运快要降临。1918年3月，德国突然发起攻击，突破了协约国西部的防线占领了亚眠，打通了向巴黎前进的道路，那时德国军队距离巴黎只有120千米。但是德国军队其实已经瘫痪了：没有橡胶，没有汽油；干瘪的破胶皮轮子没办法在暴风雪环境下进行运输；粮食和弹药早已接济不上，军队没法再前进了，德国的命运已经被决定了。德国的资源、物质和精神力量先枯竭了，所以德国失败了。这便是第一次世界大战给我们的警示。

可见，尽可能多方面大规模地储备战略资源是所有国家面临的重要问题，也是第二次世界大战开始前各国早就开始重视的问题！对于这方面，有关人士做了大量的研究，翻开这些资料，我们就能看到牵涉的领域包括经济、地质、技术和冶金。

粗算一下"战略原料"，共有28种：铁、铝、镁、锌、铜、铅、锰、铬、镍、砷、锑、汞、硼、钼、钨、石油、煤、橡胶、氮、硫、黄铁矿、石墨、钾、碘、磷酸盐、石棉和云母，此外还有铀。

作为战略原料的元素

因此在第二次世界大战开始前，许多国家就已经开始争夺原料了。美国开始大力发展金属生产。德国正相反，它不动自己的矿藏，下令停止开采本国黄铁矿，将其看成地下资本，而是从西班牙运送大量黄铁矿到国内。在战争爆发前5年，德国就开始动用全部的货币基金拼命地从国外输进原料，输入的锰矿是前10年输入量的5倍，买进大量钨和钼，还运来好多石油产品。最后，德国还进行了一系列举措来抢夺同盟国和邻国的原料市场，控制原料来源。它是如何做的呢，看下面的例子就知道了。

第一次世界大战后，德国马上得到了南斯拉夫博尔地方的铜矿，将这座矿藏控制在德国资本之下，又派德国的工程师过去。德国本以为战时可以利用这里的铜矿为自己提供资源，但没想到，战争期间工人破坏了这个矿，不让法西斯利用这里的铜。

军队对于原料的需求量到底有多少呢？我们粗略地计算了一下：

有现代化[1]军队300个机械化和摩托化的师，共600万~700万人，那战争一年，需要大约3000万吨钢铁、2.5亿吨煤、2500万吨石油和汽油、1000万吨水泥、200万吨锰、2万吨镍、1万吨钨，还有许多其他物资。

请大家想一下，这些数字代表什么呢？
要炼3000万吨钢铁，至少需要6000万~7000万吨铁矿石，这等于挖尽了好几个大铁矿。

1　此为著者根据1940年的资料所写。

石油的数字更大——2500万吨，这个数其实还是估少了，因为前后方还有海军和空军，需要燃烧大量石油产物。当时，罗马尼亚石油最高年产量只达到过700万～800万吨，伊朗每年可出产的石油也就1000万～1100万吨。

除了上面的原料，战争还需要大量橡胶、有色金属、建筑用木材、云母、石棉、硫、硫酸等其他物资。

可见军事方面大规模使用原料，成了地球化学上导致金属分布状态改变的一大因素。现代军事技术大大扩展了物质种类，使千百种新化合物和合金出现，并对那些在战略方面起决定性作用的原料进行了重新估价。

中世纪骑士穿铁质锁子甲和各种甲胄，很长一段时间钢铁都是制造武器的唯一金属。之后新的力量出现在战场上，它们是新的化学元素和化合物，是好多种稀有金属，尤其是"黑色的金子"——石油。

化学角度的战争

现在，让我们从化学角度分析一下现代化战争。

苏T-34中型坦克
（Anton Starikov ©123RF.com.cn）

坦克部队进行战斗了，这时候装甲钢的品质会对战斗胜利有很大的影响。铬、镍、锰、钼是增加装甲硬度的金属；轴、齿轮、履带是坦克的重要部分，它们的成分里含有钒、钨、钼、铌；坦克的保护色用的是添加了铅的铬原料；坦克上用的起偏振玻璃是用特制硼玻璃和碘化合物制成的，可使坦克手不受敌方强烈探照灯的干扰而看到敌人。坦克上的次要零件是用硬铝和硅铝制造；品质较高的汽油、煤油、轻石油和从石油中炼出的最好的润滑油对坦克的活动力和速度有很大的作用，而溴化合物能促进燃料燃烧，一定程度上还可减少发动机的噪声。

装甲运兵车

大约有30种化学元素参与了装甲车的制造。但其实装甲车武器里所含的化学元素更多：榴霰弹和榴弹成分是锑和硫化锑；炮弹、炸弹、枪弹和机枪子弹带则用铅、锡、铜、铝和镍；爆炸用钢要很脆；炸药的成分很复杂，是用石油和煤提炼出的产物制成的。

子弹

坦克部队与装甲车部队发生冲突时，会有上万吨金属和不同物质参加，所有的指挥员、坦克手、装甲车手都在操纵大规模化学反应，这些反应的破坏力会达到很可怕的程度。有时候毁灭村镇的巨大浪涛的最大压力能达到每平方米105 帕斯卡，可和炸弹爆炸时发出的空气波相比，却是不值

压强单位，简称帕，
1帕=1牛顿/平方米。

一提的。哪一方的装甲结实，汽油辛烷值高，炸药破坏力强，哪一方便可占得优势。

我们再从化学角度看一下大都市遭受夜间空袭时的情形。

苏霍伊苏-22歼击轰炸机
（Stoyan Haytov ©123RF.com.cn）

轰炸机和驱逐机的联合编队在秋夜里飞行着——一些用硬铝和硅铝敏两种铝合金造的飞机总重量才几吨。后面跟着几架重型飞机，机身用含铬和镍的钢制成，焊接处是用最好的铌钢焊接的，很坚固；发动机上的重要部件是用铍青铜制造，其他部件则用琥珀金——镁和银、锌、铝的合金——制造。油箱里装的要么是特别好的轻石油，要么是最好最纯的汽油——辛烷值最高，因为只有这样才能保证飞机的速度。

飞行员面前的驾驶盘上放着一张地图，图上蒙着一片云母制或特制的硼玻璃。许多仪表指针里因为含钍和镭的荧光物质而发出浅绿色的光，机身下吊着炸弹和成串的燃烧弹，操纵杠杆就能很轻易地扔下这些炸弹，炸弹是用易爆炸的金属制成，里面的雷管装着雷汞，燃烧弹中装着铝、镁和氧化铁的粉末。

有时候发动机转得慢一些，有时候又开足马力前进，螺旋桨和发动机轰鸣的声音震动了房屋和玻璃。敌机投下照明弹，我们看到挂灯似的火光缓缓降落，先是碳、氯酸钾和钙盐的混合物燃烧放出红黄色的火焰。之后火光逐渐稳定，变成白色，这是镁粉在燃烧。这种镁粉和我们照相时用的一样，但是这里的镁粉里掺了一些钡盐，所以燃烧时带一点儿浅绿色。

　　城市的防御系统也很完善。许多充满氢气的防空气球飘在细钢索上，来预防敌机俯冲轰炸。重要地方的气球充的则是氦气。听音哨的士兵利用声波测远器探测敌机发动机的声音，即使隔着云雾也能判明敌机飞行的位置，接着就可用自动化装置迎着它放出红黄色星状闪光。闪光一下明，一下暗，是由多种强光物质制造的，里面的钙盐起着重要作用。

　　几十条探照灯的白光将漆黑的天空射透了好几千米。金、钯、银、铟4种金属反射出的耀眼光线罩住了敌机。探照灯泡里的碳中加了几种稀有金属的化合物，英国科学家将钍、锆和其他几种特别金属的化合物放在灯泡中，发出的光线可以射透伦敦的雾。

　　吊在敌机降落伞下的照明弹火光一过，是一阵烟雾。敌机在天空中盘旋出一个"8"字，选择好轰炸目标，然后从特制炮弹中放出一道钛盐或锡盐制成的烟雾，给轰炸机指明了俯冲区域。

　　这时，城市的守军已对敌机放的镁光发射出上千颗红色和红黄色曳光弹。曳光弹闪出鲜艳的颜色以妨碍敌机的视线。敌机飞行员无法在钙盐和锶盐闪亮的光线里辨清方向，只好将炸弹随便扔下。燃烧弹的弹壳是铝制的，壳里有铝粉

219

和镁粉，还有特别的氧化剂，燃烧弹头部有雷汞制的雷管，有时候还在燃烧弹里加上沥青或石油之类的物质加快燃烧。按一下杠杆，炸弹就掉下去了。

监视敌机俯冲的高射炮"发言"了。榴霰弹和高射炮弹的碎片雨点般朝敌机飞去。脆的钢、锑以及由煤和石油为原料制造出来的炸药接连发生化学反应，发挥出它们巨大的破坏力量。爆炸这类反应，在千分之几秒内发生，伴随着激烈的振动和巨大的破坏力。

你瞧——高射炮弹打中目标了。敌机翅膀被打穿，这个笨重的东西连同剩下的炸弹一起掉了下来。油箱爆炸，没扔掉的炸弹也乱炸开来，好几吨重的轰炸机一下子就烧成了一堆破旧金属片。

"击落一架法西斯飞机。"——报纸上登着这样的简报。

"激烈的化学反应已经结束。"——化学语言这么说。

"对于法西斯的技术、有生力量和精神又是一次打击。"——这是广播电台的说法。

参加空战的元素有46种以上，占元素周期表的50%。

以上是我用化学语言描述的战争，但是战争不只是在战场上进行，后方所有的工业部门也要为军队服务。比如硫酸工厂，它们是炸药工业的主要部门。以前德国在莱茵河的威斯特伐里亚州有许多硫酸工厂，在它与波兰以前的国界线上也分散着很多的硫酸工厂。

硫酸工厂需要几十万吨含硫量很高的黄铁矿，还需要耐酸的特别建筑物，有铅造的，也有铌合金造的。耐酸的砖，纯净的石英原料，钒族或铂族金属制得灵敏催化剂——这些还只是复杂化工中的一小部分所需物质，没有这些物质是不能建一家硫酸工厂的。硫酸工业是化工上的战斗单位，它造出的硫酸可用来制造炸药，而硫酸工厂的废物里不仅能提取出光电管所需的硒，还可以炼出铜和金。

还有制造炮弹的工厂。钢块加工需要那些会"自行淬硬"的钨钢或钼钢制得的硬质工具。磨光炮弹上的重要部分需要最好的金刚砂和刚玉粉，最细的锡粉、铬粉或铁粉。炮弹上还需要镍、铜、青铜和铝合金。

炮弹制造需要替它准备好爆炸的原料，替它装好化合物"馅儿"。工厂则要不停地工作，要把炮弹、炸弹、地雷的弹壳加工精确，要把地雷撞针或定时信管安装正确，这些过程需要多少种物质啊！

Chapter 4
地球化学的
过去与未来

化学元素和矿物是如何命名的

我相信大家都对这个问题很感兴趣。百十种元素、成千上万种矿物和岩石的名字是很难记住的，可若是你懂得每个名称背后的意义，那么记起来就会容易一些。

我在《岩石回忆录》一书中曾讲过一个小故事，说的是新矿物和基洛夫斯克铁路新车站是怎样得到名字的。

那些年老的铁路员工很有意思，他们会因为到新车站的那天天气炎热，热得像在非洲一样而给车站起名为非洲站。并且，有一个车站名叫钛，但车站附近连一点儿钛矿石的影子都看不到。我们应该认识到，不仅是年老的铁路员工这么做，过去的化学家和矿物学家在发现某种新物质时也是这样做的：想起什么名儿就起什么名儿。但现在的我们却一定要记住他们当时乱起的名字。关于名字的问题，化学领域会简单一些，因为不过才100多种化学元素，可在矿物学领域都是很复杂的，现在全世界已知的矿物已经有4000余种。

化学元素名称

我们先来说说那些化学元素的名字，整个化学科学就是建立在这些元素基础之上的；元素的化学符号是这些元素拉丁文名字的前一两个字母，比如，Fe（ferrum——铁），As（arsenium——砷）等。

化学家和地球化学家经常喜欢使用国家或地方的名字作为新元素的名称，要是在某个国家或地方首次发现一种元素或元素化合物，就用这个国家或地方的名字命名。所以有些元素的名字只要看它的原文就能明白，例如，镓（gallium——法国的旧名高卢）、钪（scandium——斯堪的纳维亚）、锗（germanium——德国）、铕（europium——欧洲）。

但有些元素是用了某些国家或地方的古代名字命名的，所以难懂又难记。还有一部分元素甚至很难弄懂它们是怎样得名的。比如，1924年在哥本哈根发现的新元素被起名为铪（hafnium）。这个名字起源于谁都不知道的丹麦首都的旧名；镥的得名则是来自巴黎的旧名；金属铥（thulium）的名字则是根据古代瑞典和挪威的斯堪的纳维亚语命名。

金属钌（ruthenium）是由俄国科学家克劳斯在喀山发现的，是为了纪念发现在俄国而起的名字，可惜许多化学家看不懂这点。瑞典首都斯德哥尔摩附近有一个很有趣的长石矿坑，镱（ytterbium）、钇（yttrium）、铒（erbium）、铽（terbium）等几种新元素都是用那里一个叫作依特比的伟晶花岗岩矿脉命名的。

许多元素是根据它们的物理和化学性质起的名字，这样比较合理，可只有精通古代希腊文或拉丁文的人才记得住这些名字。比如，好些元素是由于它们的光谱色线被发现的，所以就用这些光谱线的颜色来称呼它们——铯（caesium）表示天蓝色，铷（rubidium）表示红色，铟（indium）表示蓝色，铊（thallium）表示绿色。还有一部分元素是用它们的盐类颜色命名，比如，金属铱（iridium）的盐类五颜六色，所以它名字的原意是指"彩虹"。又比如铬（chromium）的希腊文意思是"颜色"，因为铬盐颜色鲜艳。

　　许多化学家还研究天文学，他们会用行星或其他星体的名字称呼元素。铀（uranium-uranus天王星）、钯（palladium-pallas智神星）、铈（cerium-ceres谷神星）、硒（selenium-selene月）、氦（helium-helios太阳）都是这样得名的。氦比较特殊，因为它最初就是在太阳上发现的。

　　还有许多元素的名字是为了纪念古代传说中的神。钴（cobaltum）和镍（niccolum）是银矿里不希望有的成分，据说它们的名字来源于萨克森矿坑里两个凶恶的地神；钒（vanadium）则是为了纪念女神凡娜迪斯；钽（tantalum）、铌（niobium）、钛（titanium）、钍（thorium）这4个元素的名字来自古代神话；锑（stibium）则应该是来自希腊文里的"杂色"一词，因为辉铁矿晶体会聚集形成一束杂色花状。

　　对于世界闻名的大科学家来说，人们总是很少注意他们的名字。有一种叫加多林石（硅铍钇矿）的矿物是为了纪念俄国教授，元素钆（gadolinium）的名字就是来源于这种矿物。还有一种叫萨马尔斯基石（铌钇矿）的矿物，它最初是在乌拉尔的伊尔门山找到的，据说它的名字是为了纪念上校，并将从这种矿物里新发现的元素取名为钐（samarium）。钌、钆这两种元素的名字则纯粹是来源于俄国。

　　除了上面所说的这些名称外，大约有30种元素的原文名称是用的古代阿拉伯文、印度文或拉丁文的字根。4种超铀元素：第93号镎（neptunium）和第94号钚（plutonium）是用海王星（neptune）、冥王星（pluto）的名字命名的；第95号镅（americium）是为了纪念此元素是在美国发现的；第96号锔（curium）则是为了纪念居里夫人。

　　你们瞧瞧，这些名字多乱啊！有希腊文、阿拉伯文、印度文、拉丁文和斯拉夫文等各种文字的字根，有星体、神、国家和人名，大多都没什么准则。科学家也想过把元素名称整理出个规律来，但种类有限好像不值得这么做。但矿物名称就是另一回事儿了。

矿物名称

在这个问题上，地球化学家和矿物学家要改一改他们的做法，要知道，每年有25种以上新发现的矿物需要命名。但之前矿物的命名法是怎样的呢？比如，有一种叫劳拉石（硫钌锇矿）的矿物，是用某化学家未婚妻的名字命名的；很多矿物的名称都是从感情出发，想对某些公爵和伯爵表示尊敬而用了他们的名字，但这些人和矿物毫无关系，这种情形真的要继续下去吗？

某些矿物的名字太古怪了。比如，在马达加斯加岛上安潘加巴处首次发现的一种矿物就被取名为安潘加巴石（铌钛酸铀铁矿）。矿物名称真的是矿物学史和化学史上有趣的一页。直到今天，对好多矿物名称的起源还是没有研究清楚。有几种矿物名字采用的是古代印度文、埃及文和波斯文的字根。比如土耳其玉和祖母绿原文是波斯文，黄玉和石榴石则是希腊文，红宝石、蓝宝石和电气石则是印度文。

矿物用其发现地的名字命名的情形很多。比如，下面3种矿物是由俄国很著名的地点命名的：贝加尔石（易裂钙铁辉石）是因为贝加尔湖命名的；摩尔曼石（硅钛钠石）是因摩尔曼斯克省命名的；伊尔门石（钛铁矿）则是因乌拉尔南部的伊本门山命名的。此外，还有一种叫莫斯科石（白云母）的矿物，这是一种有名的含钾云母，在电工业方面用途很大。很多矿物名字是为了纪念著名的研究家、大化学家和矿物学家。比如，舍勒石（重石）是为了纪念瑞典化学家舍勒，歌德石（针铁矿）是为了纪念诗人兼矿物学家歌德。

还有几种矿物的名字则代表了它们的颜色。但理解它们名称的原文常常需要拉丁文或希腊文的知识。比如，海蓝宝石（原文意思是海水的颜色）、雌黄（原文意思是金黄色）、白榴石（希腊文原意是白色）、冰晶

石（希腊文原意是冰）、天青石（拉丁文原意是青天）。

不少矿物的名字则表示了它们的物理化学性质。例如，闪着银光的一类矿物叫辉矿类；有着青铜光泽的那类矿物叫黄铁矿类；可顺着一定方向劈开的矿物叫晶石类；含有某种金属却很难从其外表看出的一类矿物叫闪矿类；拥有沥青光泽的矿物叫沥青矿；金刚石的俄文名字来自希腊文，原意是制服不了的。

不得不说，很多矿物用成分里最重要的一种元素命名，这种做法是正确的。比如，辉铜矿、黑钨矿、纵核磷灰石等就是由此得名。

很多矿物的名字很有趣，是和一连串神话有关的。比如，石棉的希腊原名的意思是不能燃烧的；软玉的原文意思则是可用其治疗肾脏疾病（来自中世纪错误的想法）；似晶石的原意是虚伪的，因为它的紫红色在太阳光的照射下几小时后就会消失；磷灰石的俄文名字是"骗子"，因为它很难和其他矿物区别开来；中世纪人们认为紫水晶可防酒醉，所以它的原文意思是防醉。

从上面的叙述中，你们就能感受到矿物名称的来源有多复杂了。

今天的化学和地球化学

化学的巨大成就

我们生在化学取得巨大成就的时代。

旧金属——铁被其他金属取代，或者和许多稀有金属搭配使用。瓷器、玻璃、混凝土和矿渣中硅的复杂化合物正在取代旧的钢铁结构。研究碳的化学——有机化学取得巨大成果，大规模机械生产早已取代了种植蓝草的田园和橡胶园。工厂利用干馏煤的产物制造出合成橡胶和染料，这些染料不仅大大扩充了染料颜色的种类，还完全取代了天然染料。

确实，整个世界都在沿着生活和经济化学化的道路前进，化学已渗透到日常生活的每个细节，渗透到工厂里的每个零件。世界在化学化的同时，人们也越来越广泛地研究天然"富源"，研究农业工业上有大量需求的矿物原料。地球化学与化学紧密结合，很难为两者划清界限。

以我们现在的视角看，发展化学工业的基础是设立专门的实验室和研究所。这让我们想起了著名生物化学家 巴斯德 在1860年讲过的话：

> 路易·巴斯德（1822~1895年），法国微生物学家、化学家，近代微生物学的奠基人。

　　　　我希望你们多注意那个神圣的处所——实验室。你们务必多多设立实验室，把实验室设备配得更好。要知道，这关系着我们的未来和财富。

我们已建立了许多大规模的化学研究所，这些研究所当中有许多正在研究地球化学的问题。有些研究所解决了硼和硼碳化合物的问题，有些研究所则在铝矿石的工业用途上取得成功，还有一些研究所多方面地研究了产自俄国的盐类和许多元素——铂族金属、稀土族元素、金、镍、铌等。

为了研究地质学专业的问题，一些科学院特别设立了地球化学研究所，为地球化学研究打好了基础。

由于化学方面取得的成就，现代工业造出了大约5万种元素化合物，这还不包括有机化合物，实验室研究和制造过的有机化合物有100多万

种，这个数字还在不断增加。这个数目比起我们知道的天然化合物种类要大得多！不过，给我们讲授化学的第一位老师不是别人，而是自然界。矿物原料是我们的工业基础，它决定着研究方向。正是从自然界的物质出发，我们才研究出了物质结构和化学反应的过程。

地球化学是地质与化学的桥梁

这就是为什么地球化学是化学和地质学之间的桥梁。地球化学研究世界矿物原料的性质和储藏量，它不但与结晶学结合揭露了晶体的结构，还确定了工业发展的道路。可见，从地质学到地球化学，从地球化学到物理学和化学，这几门学科连成了一条链。而这些科学最后的目的，不仅是发展自然科学，还要提高人们的生活水平。

那么怎样创造新的有价值的物质和掌握国民经济所需的原料——这才是今天世界发展最大最主要的刺激因素。那就是将地球化学和技术紧密结合，研究盐类和矿石的性质，阐明矿石和盐类中稀有元素的分布情况，找出地下"富源"最好的利用方法。

如何成为一名地球化学家

我不想让大家费时间去考虑化学和化学分支学科发展的结果带给了我们什么。这个问题，我在前面介绍原子时已提到过，后面讲未来科学和它们的成果时也会讲到。

现在，我要说另一个问题：现代化学家想推动科学发展，设立实验室走在科技的前沿，需要怎么做呢？

过去的化学家从岩石中提取各种物质，然后就在实验室中研究它们，不管时间空间，也不管研究对象和自然界之间的关系。

但现在人们发现，整个宇宙其实是一个体系，里面各部分之间是互相关联的，它就像一个大实验室，里面有各种力量的碰撞结合，因为各种原子、电场和磁场的斗争才在某些地方生成了某种物质，又在另一些地方破坏了某种物质。

世界是个大实验室，它的内部彼此联系，就和机器上的齿轮一样。所以，现在的化学家要更新自己的眼光，用新视角看待每种原子，把原子命运与整个宇宙紧密结合起来看。

现代科学家的任务变了，他们不仅需要叙述周围环境中个别现象和个别事实，不但需要观察实验室中某些实验的结果，他还需要了解物质是怎样生成的，为什么会生成，将来又会怎样。他不但要从哲学上讨论自然界的规律，还应该揭露各现象之间复杂的联系。研究家不应该只是把自然界的现象描写一番或照一张相，而是应该想办法联系一下它的过去和未来。新型研究者不应该是个手艺匠，而应该是新思想的创造者。

现代化学家应和天文学家一样能够预见：他的实验不仅是实验室里各个偶然发生的反应总和，而是创造性想法、深入思考的成果。现代化学家应该知道，科学的胜利不是很快能取得的，而是各种思想经过长期的考验和酝酿逐渐积累起来的；它是漫长岁月中好多代科学家辛勤劳动的结果，是注满那杯水的最后一滴。

这也是为什么现代科学的某种发现时常在不同地方同时完成。

想要工作有成果，就要善于观察和搜集事实，这是非常重要的地球化学研究方法。但研究者往往埋头于理论研究，有时候便会被逻辑概括所迷惑，不再去观察现象，这样便忽略了对某种发现至关重要的事实。对于新事物敏感，对于旧假说摒弃，这是一位真正的科学家必须做到的。

也许有人说，发现都是偶然的，就像 伦琴

> 伦琴（1845～1923年），德国物理学家。X射线发现者，他的研究为开创医疗影像技术铺平了道路。1901年被授予首次诺贝尔物理学奖。为了纪念伦琴的成就，X射线在许多国家都被称为伦琴射线。

偶然看到荧光板上X射线的作用，像偶然发现的西伯利亚大碳酸锰矿。可要知道，这种偶然性是善于观察新鲜事物的结果。

多少年来，勘探工作者从那些白色岩石旁走过，他们在岩石上滴上盐酸，听到嘶嘶的响声，就认为这是单纯的石灰石。可要是仔细看，便能看到白色岩石裂缝里和表面有些地方盖着一层黑色的皮，继续研究下去才能发现那位于西伯利亚的含量丰富的锰矿。每个发现都不是偶然的，而是将始终如一的观察和实际知识相结合的结果。

说到善于观察，罗蒙诺索夫指出了问题的另一面，他说得很中肯：应从现象确定理论，之后通过理论修正观察。

他说得很对，因为任何现象都是理论的结果，而任何理论也只有建立在大量观察和正确叙述的现象上才有意义。

那真正的地球化学家应该是什么样的人呢？真正的地球化学家一定要有坚定的意志，向一定目标不断前进，他应该有旺盛的求知欲，有丰富的想象力，所谓思想精神，不是看他的年龄，而是看他对事物是不是敏锐。他应有极大的耐心，有坚忍不拔的精神，最要紧的是要把工作坚持到底。

本杰明·富兰克林（1706～1790年），美国的实业家、科学家、社会活动家、思想家、文学家和外交家。他是美国历史上第一位享有国际声誉的科学家和发明家。

19世纪最伟大的科学家 富兰克林 说：天才有能够无限劳动的能力。

达尔文在自传中说道：

我身为一个科学家，一生的成绩不管多大，据我判断，是由我复杂多样的生活条件和性格决定的。我的最重要的性格是：热爱科学，有无限的耐心考虑问题，坚持观察搜集事实，有足够的创造力和合理正确的思想。

　　这正是对我们地球化学家的要求！这些性格不是很快就能产生出来的，而是要经过顽强的努力，在创造性的生活中培养出来。

门捷列夫元素周期表的幻想旅行

"元素大厦"

　　想象一下，一所由铬钢造的圆锥形或角锥形建筑物，高20～25米。锥体外围着一个巨大的螺旋，螺旋上是一个个的方格，方格的排列和门捷列夫表里元素的排法一样：横行是周期，竖行是族。每个方格是一间放着元素的小屋，成千上万的人顺着螺旋向下走，观看每个元素的命运。你可以走进"元素大厦"，坐电梯从下往上升，一直升到门捷列夫元素周期表的顶端。

　　开始时你的周围全是大理石，一个个红得像舌头似的，然后是沸腾的火热熔融物在你周围逐渐散开。坐在玻璃电梯里，在火舌和流动熔融物中，这间屋子缓缓升起。你看到岩浆里最初结晶出的固态物质。这些晶体随着岩浆起伏着，最后被大堆岩浆带走聚集在某些地方，最后变成坚硬的岩石。现在，请看向右侧，展现的是地球内部的主要岩石，它是灰黑色

门捷列夫元素周期表大厦

的，其中有些地方还热得发红，里面镁和铁含量很多。含铬铁矿石混在整片铬矿石中显出黑点，还有闪着亮光的铂晶体和含锇铱的晶体——这是地下最先生成的金属。

玻璃电梯渐渐穿过这些暗绿色的大石块。历史上这种大石块曾被破坏过好多次，接着又重新熔成火红的熔融物。暗绿色晶体里有一种透明发光的晶体，这便是金刚石。玻璃屋升得越来越快，出现在我们眼前的是灰色和褐色的岩石——正长岩、辉长岩、闪长岩。它们当中有些地方闪着白色矿脉。突然，玻璃屋子急速地右转，穿过了充满气体和稀有金属的液态花岗岩，这里温度高达800℃，很难在这堆混乱熔融物里看清有哪些固态晶体。

一股股炽热蒸气汹涌地向上迸发。瞧，已凝固的花岗岩内部有熔融的物质，这是有名的伟晶花岗岩，美丽的宝石便是在此产生的，包括绿柱石、黑晶、蓝色黄玉、水晶和紫水晶等。玻璃屋子掠过伟晶花岗岩空洞，看到这里的奇妙景色，在乌拉尔山这种空洞被叫作"伟晶岩晶洞"。这里有一米来长的烟晶，旁边还结晶出了长石。长石晶体表面逐渐有云母片出现，再往上又是烟晶，还有一个标枪似的水晶穿过了晶洞。

玻璃屋升得更高了。鬃毛似的淡紫色水晶将屋子围了起来。在我们努力突破它的束缚时，看到矿脉一会儿在左侧，一会儿在右侧，出现了不同粗细的分支：有时像粗树干，那是白色矿物和闪亮硫化物；有时像细小树枝，小到看不清。花岗岩里充满了褐色锡石晶体和红黄色重石。

电梯里的灯关上了，四周一片漆黑。有人扳了操纵杆，使玻璃屋发出了我们看不见的紫外线，这时黑暗墙壁透出光来：重石晶体发出绿光，方解石颗粒闪着黄光，各种矿物射出磷光和多种色光，但重金属化合物依然是黑的。

电灯打开了，我们离开了花岗岩里不同矿脉的接触带，顺着一条粗

的干线升上去。这次我们升得很慢，开始时玻璃电梯穿过了厚密的石英块，这些石英内部贯穿着尖锐的黑色钨矿石，过了几百米后，我们第一次看到了闪光的硫化物，这是黄色的硫化铁。再往前，一片耀眼的黄光闪了出来。

"看，是金子！"——有人喊了出来。金矿矿脉里散布着雪白的石英。又上升了几百米后，我们看到了闪亮的灰色方铅矿，然后是闪锌矿，还有闪着各种金属光泽的硫化物矿。再往上矿脉颜色变淡，玻璃电梯通过柔软的方解石，那里贯穿着银白色针状辉锑矿和血红色的辰砂晶体，然后是黄色和红色的砷化合物。越往前电梯越好走，熔融物一过去，接着是热蒸气，最后是热溶液。

这时冒着气泡的矿泉溅到我们的玻璃上。这些气体其实是二氧化碳，你能看到这些二氧化碳是如何侵蚀石灰岩壁，让石灰岩聚集起锌矿石和铅矿石的。我们的四周矗立着美丽的石灰质沉淀物，有褐色文石（卡斯巴石）生成的钟乳石，有杂色的形似大理石的缟玛瑙。

电梯接着上升，热矿泉也分开成几股，一些细小支流穿到地表，生成间歇喷泉和温泉。我们经过沉积岩，穿过煤层，来到了二叠纪生成的盐类世界，在这儿我们看见了远古时代地球的景色。瞧，有液滴滴在了我们的小屋子上，这是沉积岩沙里的石油和各种沥青。

渐渐地，我们穿过了好几个地层。这时有雨点似的地下水打在外壁上，我们两旁也出现了厚厚的砂岩壁，好像电梯是镶在中间的；各种颜色的石灰岩和黏土质页岩轮流出现在我们的眼前，默默诉说着地球过去的命运。电梯离地表越来越近，突然，它突破了地层，停止不动了。我们眼前出现了蒸汽团成的白云，形状很古怪。这时的我们已来到了门捷列夫周期表的顶端，这些蒸汽其实就是氢在空气中燃烧生成的水蒸气。

我们从门捷列夫元素周期表顶上顺着螺旋梯往下走，围绕着这个表旅行起来。

第二格外面写着一个大大的"氦"字。氦最早是在观测太阳时发现的，是惰性气体。它无孔不入，渗透了整个地球。我们用它来填充飞艇，这间小屋向我们展示了氦的全部历史：科学家从日冕鲜绿色的光谱线到黑色钇铀矿——斯堪的纳维亚有这种矿脉，从该矿脉中可以用泵抽出太阳气体——氦来。

小心弯下身子从栏杆处向下看，可以看到氦底下还有5个房间。这5个房间亮着红字，分别是5种惰性气体的名字：氖、氩、氪、氙和氡。突然，所有惰性气体的光谱线都亮了起来，各种颜色开始闪现。氖气是橘光和红光，随后是氩气的蓝青色光，还

元素螺旋梯

元素螺旋梯

有其他较重惰性气体发出的浅蓝色颤动光带。城市中的商店就利用这种光做广告。

电灯亮起来了。我们面前出现了锂的房间，它是最轻的碱金属。弯身向下看，底下又亮着其他碱性金属的名字：黄色是钠，紫色是钾，红色是铷，蓝色是铯。

我们一步步绕下去，一个一个地把全部元素看完，这里每种元素的历史不是用文字和插图说明，而是做成生动真实的标本来展示它全部的历史过程。

还有什么能比生命的基础——碳更神奇呢！生命的发展史在我们眼前映过，我们看到了碳元素轮回的全部历史：已消亡的生命埋在土里变成煤或液体的石油。在这幅由几十万种碳化合物组成的奇异景象中，我们要特别注意它的开头和结尾。看这颗巨大的金刚石，它不是英国国王用的"非洲之星"，而是镶在俄国沙皇金手杖上的"奥尔洛夫"。这间小屋的最后是煤层，一镐凿进去，这一块块的煤就会由输送带送到地面上去。

现在，我们已在螺旋上绕了两圈，这时一间屋子出现在我们眼前，它的颜色那么鲜艳：黄、绿、红等各颜色的石块闪出彩虹的颜色。这是中非的矿坑，那是亚洲黑暗的山洞。影片缓慢放映出一个个矿井的景色，显示了金属的起源。看，这是钒，原意是纪念神话里的一个女神，钒有神奇的力量，钢铁里添加它会使钢铁坚硬持久，有韧性，这些都是汽车轴的必备属性。

离开这个屋子，我们又兜了几圈。看到了铁——整个钢铁工业的基础；而这里到处都有的是碘，它散落在整个空间；这是锶，制造红色烟火的原料；这是镓，闪白色金属，放在手里都能化。

天啊，这是金的屋子，真壮观啊！万千光辉闪耀着，这是白色石英矿脉中的金子；这是外贝加尔湖的金矿，颜色发绿，与银混杂着；这是阿尔泰列宁诺哥尔斯克选矿工厂的模型，淘金水流从我们眼前流过；这些含金的溶液闪着光彩。金子在人类史上是发财和犯罪的金属，是挑起战争、制造事端的金属！金光继续闪着我们的眼睛，这是国家银行地下室的金块，是著名维特瓦特尔斯兰金矿里奴隶繁重劳动的结果。

紧接着的第二间屋子是另一种金属——液态汞。这间屋子布置得和1938年巴黎博览会一样，屋子中心是喷泉，喷的不是水而是银白色的汞。屋子右角放着一个小蒸汽机，在汞蒸气的驱动下，活塞有节奏地运动着。左面展示了这个金属的全部历史以及它在地壳中的分布情况，我们看到了顿巴斯砂岩里血红色的辰砂点滴还有西班牙矿坑里的汞滴。

再往下看，铅和铋的后面是一幅莫名其妙的图画。几种元素混杂在一起，不像前几个方格那么清楚。我们走进了元素周期表的奇怪范围，这些都是金属原子，但不像其他金属那么稳定不变。铀和钍原子不愿老实待着不动。它们放出射线，产生氦原子，衰变成镭原子。就这样铀原子和钍原子离开了自己的方格跳进镭方格，在那儿放出明亮的光，就这样它们来回跑着，最后固定在铅方格中。

看，还有一幅景象更离奇——一些粒子飞快冲向铀，把铀劈成了碎块，铀裂开时发出噼噼啪啪的声响，放出灿烂的光线，它缓慢燃烧，最后在铂的附近慢慢熄灭。

穿过门捷列夫元素周期表的后半部分，在乱飞的氦原子闪烁火花和X射线中间下到最后一个台阶，走进神秘的深处。这深处不是地球的内部，而是宇宙星体的深处。那里温度高达几亿摄氏度，压力更是我们无法预知的；那里的所有原子都在分裂闪光，完全是一副混沌的状态。

门捷列夫元素周期表不是一张方格拼成的死表，这张表不但代表今天，同样也代表过去和未来。就这样，你看到了我们的世界中最奇妙的景象。

结　尾

到这本书的结尾了，这次我们自己也要变成小小的原子，走上元素旅行的复杂道路，钻到地下深处或火热天体中看看各种原子在宇宙和人类手中会发生什么，看看在工业方面原子能做些什么。

所有原子都经历着漫长的道路，我们不知道这条路从何处开始，又在哪里结束。

原子产生的过程是什么样的？它们怎么就开始了地球旅行？这些我们还不是十分清楚。在未来岁月中原子又有什么样的命运，我们也不敢说。

我们只知道，有些原子可以飞离地球分散在宇宙空间中，也有一些原子分散在地壳内部或海洋中。

有类原子性质稳定，就像用骨头做成的台球一样结实；有类原子则似皮球般富有弹性，它们冲撞压缩的同时会交叉变成复杂结构，这种结构的外围还有电场；有类原子则自己就会分裂，同时放出能量，它们本身会衰变为其他原子，对这些原子的寿命可以根据衰变规律作精密测定，有的可存在几百万年，有的却只存在几秒钟。构成我们周围世界的元素只有100多种，但这些原子形状和性质相差很大，互相搭配可形成的结构更是多种多样。

现在，我们只是刚开始用新视角看待地球化学元素的历史。自然界揭露出来的地球化学新面貌还有限，对于每种元素动态进行观测研究的工作也才开始，我们的任务早已确定：做出每种原子的动态报告，掌握每种原子的特点，搜集每种原子的资料，以便汇集这些事实后编著成完整的原子史和宇宙史。这种历史的每一个环节都是由原子性质决定的，原子在宇宙中的命运也好，在地球和人类手里的命运也好，都是由复杂深刻的规律支配的。

我们之所以要认识原子，掌握动态，不单单是为了满足好奇心，还是为了发展国家的工业、农业和经济。

我们应该彻底掌握原子，能够做到用原子制造自然界没有的东西。比如，我们想造出比金刚石还硬的合金，想做到这点，就得知道原子怎么排列堆砌才能使造出的物质有高硬度性质；我们应懂得金属化合物的性质，对于它们不应该只知道大概，而应精确掌握；我们应尽可能多地开采提炼像铯和铊之类易失去外层电子的原子，并利用这类原子制造精巧灵敏可随身携带的电视机。

年轻的朋友们，有一点我要告诉你们，这本书虽然快完结了，但书中讲的一切还只是这门知识的开端，要想在自然界里多探出一些秘密，我们还要多读书多思考多多探索：

1. 多读关于矿物学、化学、物理学和矿产的书。

2. 多参观有关矿物学、地球化学、现代科技等方面的博物馆。

3. 多参观工厂，懂得生产知识，深入了解生产过程当中的化学变化。

4. 夏天到矿山、矿坑和采石场去，观察大自然，大自然是地球上最大的实验室。

5. 好好思考怎样利用自己祖国的天然富源，努力寻找聚集在地下的矿藏。